美丽广州

南风窗传媒智库◎编

SPM 南方出版传媒·花城出版社

中国·广州

图书在版编目（ＣＩＰ）数据

美丽广州 / 南风窗传媒智库编. —— 广州 : 花城出版社, 2019.10
ISBN 978-7-5360-8963-1

Ⅰ. ①美… Ⅱ. ①南… Ⅲ. ①生态文明－建设－广州－文集 Ⅳ. ①X321.265.1-53

中国版本图书馆CIP数据核字(2019)第200270号

出 版 人：肖延兵
策划编辑：张　懿
责任编辑：梁秋华
技术编辑：薛伟民　林佳莹
封面设计：刘红刚
摄　　影：胡　滨　陈志明

书　　名	美丽广州
	MEILI GUANGZHOU
出版发行	花城出版社
	(广州市环市东路水荫路 11 号)
经　　销	全国新华书店
印　　刷	佛山市迎高彩印有限公司
	(佛山市顺德区陈村镇广隆工业区兴业七路 9 号)
开　　本	880 毫米 × 1230 毫米　32 开
印　　张	6.25　4 插页
字　　数	110,000 字
版　　次	2019 年 10 月第 1 版　2019 年 10 月第 1 次印刷
定　　价	38.00 元

如发现印装质量问题，请直接与印刷厂联系调换。
购书热线：020－37604658　37602954
花城出版社网站：http://www.fcph.com.cn

《美丽广州》编委会

南风窗传媒智库 编

主　编：李　龙

编　辑：文　芳　何蕴琪

撰　稿：李少威　何蕴琪　黄靖芳
　　　　何子维　张象枢　哲　夫
　　　　梅林海　赵红红　胡　刚
　　　　朱雪梅　李曲柳　罗瑾瑜
　　　　郑　磊　刘新萍　孙继武
　　　　杨聪辉　秦海天　赖寄丹
　　　　张　宏　杨　阳　何任远
　　　　王佳兴

　　《南风窗》杂志创刊于1985年，双周出版，发行覆盖全国，读者以政府机关、学术机构和大型企业的中坚力量最为集中，是中国发行量最大的政经新闻杂志。《南风窗》以其公允而独立的叙事立场、冷静而优雅的叙事风格深入人心，在政治、经济及思想学术领域具有广泛阅知率，被外界誉为"中国政经第一刊"。

　　近年来，《南风窗》推进媒体融合与转型战略，更具活力、深度和国际视野，影响力和传播力不断扩大。创办南风窗传媒智库，设立南风窗城市研究院，南风窗长三角研究院，南风窗音视频部，南风窗公益基金，构筑集出版、智库和公益等多元发展的现代媒体集团。

　　《南风窗》拥有国内一流的内容生产团队，其编辑记者、核心供稿人大多来自于北京大学、清华大学、中国人民大学、复旦大学、中共中央党校、中国社科院、香港中文大学、日本早稻田大学等国内外知名院校和研究机构，拥有深厚的学术背景。

　　南风窗传媒智库（South Reviews Media Institute）成立于2015年9月，定位于现代化治理研究的新型传媒智库，致力于建设中国最有影响力的传媒智库。南风窗传媒智库秉承"思想创造价值"理念，集聚《南风窗》30多年积累的研究能力、媒体资源、平台优势和品牌影响力，与知名学术机构合作，为政府、企业和社会机构提供定制出版、课题研究、学术调研、学术论坛等高端智力服务。

海珠湖公园

麓湖公园

陈家祠

沙面

广州石室圣心大教堂

广州中山纪念堂

目　录
CONTENTS

第三章 让人们记住乡愁

第一章

听见花开的声音

大城之美，让我深深爱上她

李少威

　　广州是一个"进来容易离开难"的城市，前者是因为它的开放，后者是因为它的文明。

　　疆域辽阔的中国，"发展不平衡"是一个恒久命题，但在学理语境下的"不平衡"，主要是经济意义上的。而事实上，真正让人们有着强烈的感性认知的不平衡，首先主要来自对地区间、城市间的文明程度的比较。

　　如果你是一个经常在全国范围内出差的人，你就能感受到，不同城市的市民的言语举止、友善程度、规则观念、公共意识、契约精神，以及政府的工作作风、效率高低和服务能力等方面，都存在巨大的差距。人们一旦习惯了广州的人文环境，就很难对一个稍显落后的城市文明环境进行再适应。

　　不可否认，地理因素和经济发展水平对文明养成起着基础性作用，但一座城市的决策者对城市文明的认知深度、制度设计和引导能力，也至为关键。

站在一个观察者的角度看，"设计"二字，既直观反映了文明理念和规则传播对美学的倚重，也间接体现了全局的统揽者对未来城市文明走向的把握和贯彻。正是有了决策者对城市文明的顶层设计和制度创新，才有了广州城日新月异的文明面貌。

文明建设和"看得见的手"

邓小平有一句人人都很熟悉的话："一手抓物质文明，一手抓精神文明，两手抓，两手都要硬。"

简单而直白，但深藏"文明"的奥秘。

在表达"两个文明"的关系时，中国先贤也有一句耳熟能详的话："仓廪实而知礼节，衣食足而知荣辱。"这句话最早来自管仲，他的原话是"仓廪实则知礼节，衣食足则知荣辱"。

如果忽略所治理的疆域、人口的巨大差别，邓小平和管仲有一个共同点：在角色上，他们都是一国繁荣富裕之路的设计者，一名意志坚定的改革者。然而就对物质文明与精神文明之关系的认识而言，两人并不在一个层次上。

管仲认为物质文明与精神文明是因果关系，前者作为充分条件，必然产生后者。这很"唯物"，但缺乏辩证思维。而邓小平则认为，物质文明的发达为精神文明的进步创造了条件，但并不充分。

后来，作为一名记录者和思想家的司马迁在《史记》中引用管仲的话时，将"则"改成了"而"，便是看到了管氏在逻辑上的不足。缺的是什么？就是邓小平强调的"抓"，而且要"硬"。

换成更正式的语言，"抓"，其实就是顶层设计。邓公提醒各个层级的决策者应该认识到，精神文明不会完全自生，不是水到渠成的，而必须用有别于物质文明建设的办法进行引导和构建。

无论是否主动进行引导，一个变化的社会尤其是转型社会，精神文明往往都会落后于物质文明，在社会学理论里，这被称为"文化堕距"。在发展的每一步都进行前瞻性思考，是为了缩小这种"堕距"。套用一句当前流行的话，"放慢脚步，让灵魂跟上"，所形容的就是这一距离。

事实证明管仲的片面认识是有问题的。他像今天的市场主义者一样看到消费对经济发展的巨大动力，强调一种消费主义文化，于是奢靡之风泛滥，让齐桓公都感到苦闷。他自己也因为过度奢侈，而被孔子批评为"器小""不知礼"，显然与他认为的"仓廪实则知礼节"并不相符。

"一切历史都是当代史"，在今天这个消费主义时代，同样的问题在社会上重演，还增加了许多新的问题。

党的十八大以来，中央以前所未有的力度反腐倡廉，同时提炼并倡导社会主义核心价值观，体现的就是精神文明建设的顶层意志和思路。自2013年以来，中共中央总书记习近平在多个场合阐述社会主义精神文明建设的重要性及其路径，并将之上升到国家软实力的战略层面来认知。其中体现的，就是执政者与时俱进，不断刷新和深化对社会主义精神文明建设的内容和路径的认识。

广州的主动性

一个国家、一座城市，将社会文明看作是单纯的文化建设还是一种"软实力"，在结果上迥然不同。

如果是前者，那么它会被认作是消耗资源去从事一项务虚的工作，因为其效果是不可量化的，所以永远不是当务之急。而如果是后者，则会被积极地理解为一个不可忽视的领域，能够给经济、政治、文化、社会发展带来全面的润滑和推动。

广州是一座自觉地将精神文明建设视作软实力的城市，发端甚早，并一以贯之。而之所以如此，是因为它过去和今天都一直从社会文明中受益。这种受益，可以从两个层面来理解。

第一是人类文明层面。

文明指的是社会的进步状态，与"野蛮"相对。文明的持续进步，依赖于不同文明之间的交流，交流越活跃的地区社会文明程度越高。

广州是海上丝绸之路的始发地，自汉代开始就是中国的对外门户；即便是在自我闭锁最严重的清朝中期，广州也是全国唯一的通商口岸，彼时的十三行商人，是中国最具国际视野的一批人；新中国成立60多年来，因为地理上邻近香港，广州也是两种不同的社会制度和意识形态交流的前沿阵地。与开放和交流同在的，是经济上的进步，人们能够感觉到文明交流带来的实实在在的好处，并持续受到激励。

岭南文化就从这种开放与交流中产生和积累下来。广东美术馆馆长王绍强认为，岭南文化虽说是一种地域文化，但其精神内核在于它的开放性，开放性让这里的人们总是大胆地去做出改变，也让他们能接受异质体的进入。"所以在北上广深几个大城市里，广州体现了很可爱的一面，那就是特别包容，在城市现代化过程中这是很健康的。"

直到改革开放以后，对文明交流的欢迎以及文化精神里保持的开放性，仍然是这座城市快速发展的重要推动力，这座城市的历任主政者也深知这一点，认真呵护着不让其文化特质受损。

2016年12月，联合国开发计划署在北京发布《2016年中国城市可持续发展报告：衡量生态投入与人类发展》。在35个大中城市的人类发展指数排名中，广州位居榜首，正是城市人类文明发展良好一个最好的注脚。

第二是社会资本层面。

社会资本这一概念比人类文明小得多，但它却是其中最接近"软实力"含义的那一部分，它直接服务于社会运作和整合。

社会资本表现为人与人（或组织）之间的共识、规范、信任、权威以及道德自律等方面，探究的是社会结构中的那些无形因素，会让合作更高效、更愉快、更有保障地实现。用经济学概念加以类比，最贴切的就是"交易成本"；而借鉴武林术语，则可称之为一个社会的"内力"，功夫可以有各种招式和套路，但最终要奏效，还必须有力。

广州在改革开放大潮中能够始终走在全国前列，一个至关重要的原因是这座城市拥有丰厚的社会资本。来到广州的人，都会对其中两点深有体会：一是对公平环境的自觉维护，俗语叫"童叟无欺"；二是对契约的强调和遵守，古话叫"重诺守信"。今天，城市规模增大带来生活压力的加重，客观上会让一部分人想要离开，但心理上却舍不得这种人文环境，一部分人离开了又回来，因为适应不了缺乏这种人文环境的生活。

我们看到，社会资本这一概念将个人与集体连通起来，强调个人的选择和行动会直接关系到整个大集体的效率和成本。所有个人选择与行动集成起来，就是一个社会的文明样貌。

精神文明建设，其实就是要用一些公共价值来"感化"每一个人。

享受广州文明

历史经验让我们很难相信有什么社会问题是可以一劳永逸地解决的，但可以建立一套恒定有效的应对规则，把它内化在社会集体心理当中，作为一个社会的免疫系统。

这个免疫系统，就是社会文明程度。它一半是在实践中自生的，另一半则是有效治理（即顶层设计）的结果。

2015年，广州审议通过《广州市深化文明城市创建提升计划（2015—2017年）》时，决策者再次强调，提升城市文明程度，事关广州作为国家中心城市的软实力。

怎么做，非常重要。举个例子，即便是公益广告，也可以作为观察广州文明的一个小窗口。

公益广告是一种载体，用以向市民传达一些应该成为社会共识的现代文明或传统文明价值，是提升城市精神文明水平的重要途径。在国内，公益广告并不鲜见，其中的大部分，态度上说教，形式上刻板，创意上偷懒，让人们无法记住其主张的价值，甚至公益广告本身就是一种令人厌烦的存在。

一座城市，如果制作的公益广告美学水准太低，本身就反映出这座城市的社会文明程度值得忧虑。如何让对文明的宣传与美学相结合，让人们愿意去享受这种宣传，对于大部分城市而言都是一件迫切的事情。

"这一点非常重要。"王绍强馆长说，"有一些地方，政府用心良苦，但公益宣传出来之后市民没啥感觉，为什么？因为它本身缺乏一种美的感染力，没有让专业的人来做专业的事情，甚至不知道究竟谁才能把它做好。"

毫无疑问，政府在精神文明建设方面有最大份额的责任，也有足够的权威，并且有资源的支持，但这些都没有造成广州官方的自负，在操作层面上仍然充分尊重术业有专攻的精英，这其实也是广州可爱的一面。

闲步广州，乐也融融

这是一种平等精神，广州人对于不同身份、不同地域的人的平等，是契约精神长期熏陶的结果。在国内大城市中，人们会发现本地人与外地人之间的群体隔阂乃至情绪对立很难避免，而在广州，这一点从来不是大问题，因为广州人有一个重要的性格特质：他们都热爱自己的城市，为之而自豪，但从来没有凌驾于其他地域之上的优越感。

管仲提出物质文明与精神文明的关系时，是在《管子》的《牧民》篇，这一篇名透露出一种自上而下的灌输姿态。这与今天对社会主义精神文明所使用的动词"创建"是有本质区别的，在真正"文明"的时代，"创建"是共创、共建、共享的概括，力图汇聚每一个人对城市共同体、社会大集体的真心实意之爱。

城市文明的养成，其实是一种规则体系。但这一规则体系的目的不是束缚人，而是让人享受，享受一座城市的秩序、温暖和美。在王绍强看来，制度规范的约束，最终会内化为人的内心自我约束，而自我约束是人的一种基本需求。

那么，广州过去和现在是如何实现从外在约束到自我约束的转化的呢？答案就是注重美学的介入，让人们感受到这个过程是美妙的。简言之就是，广州好，人人乐见。

花城之魅：用"花"点亮全世界

李少威

2018年2月14日，巴黎漫天飞雪，但一些有心的或偶遇的人们，却感受到了来自一座东方城市的温度。"岭南花市"，广州春节的代表性意象，在灯光和音乐的辅助下，给深寒中的"浪漫之都"带去了一抹暖意。

这是广州2018年全球城市推广的首站。过去一年，全世界有13个城市分享了这座中国花城的热情。每一次，都是对"广州—花城"这一城市人文形象的深度确认。

花是一种世界语言，是人类对爱与美的共同表达方式。作为一种情意表达的载体，其普遍性甚至超过阿拉伯数字，因为它不依赖任何教育基础，连初生的婴儿都能凭借本能感受到花的美。故而一个国家、一座城市，往往会选择一种花作为自身的代表。

自然造化和人文历史共同作用，赋予了广州一个几近先天、不可复制的特质——"花城"。不是某种花，而是所有花，一同代表这座城市的人文精神。

这就决定了广州文化在全球范围内具有最大限度的可理解性、可感知性。

爱花，与天下人共情

花的出现，在自然意义上标志着生命的复苏和张扬。而向往生命力，以及更好的生存状态，是一种动物本能，人也不例外。随着社会发展，人们还给这种自然现象附加了更多的人文意义，最具概括性的含义，就是花开了意味着"积极的变化"。

人人都喜欢花，至少我们知道，自有文明以来，中国人都爱花。

屈原爱兰，陶渊明嗜菊，武则天纠结于牡丹，周敦颐钟情于莲花，还有"梅兰竹菊"，自明代黄凤池开始成为"四君子"，都是花与中国人的精神生活紧密相连的例子。李笠翁在其系统阐释中国文化阶层审美情趣的《闲情偶寄》中，专开"种植部"，解释各种花的人文含义和欣赏方法；龚自珍的《病梅馆记》，尽管是隐喻时弊，但也客观展示了花在人们生活中占据的分量。"柴米油盐酱醋茶，琴棋书画诗酒花"，这一传统中国人用来概括人生的物质、精神生活要素的名句，把花作为一个不可或缺的部分，就可见对花的喜爱之普遍。

花具有审美的普遍性，决定了爱花这一广州城市性格可以与天下人共情。不过在这个共同的大前提下，广州的花城精神，无论在自然方面还是在人文方面，都有更丰富的内涵。

自然方面，是广州的地理位置带来的气候条件，让这座城市四季有花。今天你在任何时候来到广州，都能看到有花在街头巷尾盛放。最近几年，随着城市环境进一步美化，每年都有10万株鲜花被种植在城市各个角落。根据诸多文献描述，传统的广州，鲜花更是极目皆是。无论古今，花对广州人而言都是一种非常易得的景观。

中国幅员广阔，在纬度较高的城市，花往往只有在春天才可见，所以人们对花的喜爱，某种程度上与其季节性出现造成的时效有关。而花在广州没有时效，广州人的爱花，不是因为花的稀缺。正因为其易得，而人们依然热爱它，才显示出这种热爱真正源自内心。

在古代，这一点也已被身处北方政治文化中心的人们发现。西汉时陆贾出使南越，就看到岭南人爱种花、插花、戴花，屋前屋后、厅堂内外都遍植花草，到处都是"彩缕穿花"之人。唐代诗人孟郊描绘广州，也写到"海花蛮草延冬有，行处无家不满园"。

人文方面的特点与自然特点息息相关——因为花的种类繁多且四时可见，广州的花没有"等级制"。

牡丹为"国色天香"，尽人皆知，这与武则大有关。《闲情偶寄》也对花的地位非常强调，比如其中说到，"牡丹得王于群花"，历代士人偏爱"梅兰竹菊"，也是因为在价值上赋予了它们更"高级"的地位，用来隐喻人格理想。

不过在广州，若问人们何花为尊，却得不到答案，因为各种花卉都被一视同仁，但凡能进入生活的花种，都是美好的象征。自南汉到清代，"耶悉茗"都是花城的主角，此花因为被南汉王刘怅的平民王妃素馨所钟爱，后来就改名"素馨花"，千百年来广州人对素馨花情有独钟，只因它易种易得，来自海外，但没有"南橘北枳"的娇气，反而有一种平民气质。如今每到春节，花市开张，各种鲜花琳琅满目，但每一种都被赋予希望的寓意，价格有别只是市场因素作用，而不是因为人们给某些花种贴上了贵贱的身份标签。

花在广州作为一种再普遍不过的生活语言，揭示着城市性格中最宝贵的一点——爱与美为大众所分享的平等精神，这就是花的"广州性"。

花城精神与开放包容

法国著名画家和旅行家奥古斯特·博尔热在1938年抵达广州，让他感动的景象就是广州人对花的热爱。

他在《奥古斯特·博尔热的广州散记》中写道，即便是社会最底层的蜑民，"水上的简陋住处在船尾都有一个凸出的平台，上面摆着几盆花……这儿的人们生活习惯中充满了诗意，人们总是用鲜花来装饰他们的住处，无论他们的住处有多简陋"。"对鲜花的喜爱让我认为，当地居民都有良好的道德观和幸福的家庭。我认为任何不偏的道德都应该有一个客观、纯粹的灵魂，这样才能使每天的生活充满诗意。"

这种"不偏的道德"和"客观、纯粹的灵魂"指的是什么？细细品味就能发现，最重要的正是平等精神。就此而言，作为法国人的博尔热无疑是有敏感的基因的——这正是启蒙运动和法国大革命所宣扬的价值之一。80年后，2018年广州的花城推广第一站选择了巴黎，也是一种冥冥中的缘分。

不过广州城所具有的平等精神和法国大革命所打开的现代意义上的平等内涵并非完全相同。花城传统中的平等精神其实是来自中国古代的自然主义哲学，是广州在漫长的社会融合、发展过程中自然生长出来的一种朴素性格，并和这座城市的开放包容彼此加强。

这一朴素性格有其政治源头。赵佗统一岭南后，实行"和揖百越""汉越一家"的融合政策，要求所有中原来的官兵都要尊重越人。他还自称为"蛮夷大长老"，并作越人打扮。他提倡汉越通婚，带头把女儿嫁给越人，并且在政治上为越人开辟拜相将兵的通道。把赵佗视为中国族群平等和融合的先驱人物，也不为过。此后历代，直到今天，岭南都是北人迁徙的目的地，族群融合的使命从未过时，一直具有实践基础。

能够平等尊重不同的族群，自然有包容和开放的胸怀，这也是岭南经济特性在文化上的体现。西汉以来广州就是中国对外贸易重镇，此后两千余年长盛不衰，可以说是唯一一个没有中断过外贸史的中国城市，各种肤色和语言的客商，云聚雨集。清代最闭塞之时，广州也是唯一通商口岸；而新中国成立后东西阵营对立，广交会仍然年年不辍。

40年，广州一直保持对外部人口的强大吸引力，一方面固然是市场机会使然，另一方面，对外来者的尊重、不歧视、不排斥也是一个重要原因。

当无数的来自天南地北、地球他端的人们汇聚在一起，追求融合与交易，言语各别，文化迥异，花就显得非常重要起来，因为它是人人皆能理解的表达善意的意象。

前面说过，传统社会的"广式平等"，不是现代意义上的平等，而是一种自然主义哲学的体现。自然主义的代表者道家，强调尊重规律，少加干涉，这与作为主流思想的后世儒家对政治教化、尊卑秩序的强调大异其趣。岭南远离古代政治文化中心，向有"远儒"传统，人们对权威的迷信比较薄弱，这在传统中国，其实是一种边陲性格。

但边陲性格也非常多元，北方草原冷兵器时代的尚武与强悍是一种，岭南海滨富于好奇心的开放、包容、平等又是另一种。岭南的幸运，也是广州的幸运，海滨的边陲性格，在现代性发展过程中日渐成为一种世界性的中心文化，从而让"花城"所代表的平等精神，可以顺利地与现代世界对接，完成从传统到现代的蜕变。

有温度的城市

一篇民国时期的经典小文章写道："三只牛吃草，一只羊也吃草，一只羊不吃草，它看着花。"

在这篇小文章诞生的时代，中国的工业化还处在萌芽时期，中国还主要是一个农业社会。所以这只羊"看花"，反映的是人类文明的成熟过程中，人们在物质追求之外，对于心灵观照的需求。

改革开放以来，快速的工业化带来了生产效率，从而让生活越来越富足，人们对"看花"的需要程度也在与日俱增。客观地说，改革开放40年的历史，是围绕着城市而展开的，城市变得日益现代化、日益庞大的同时，人的异化也在相应加剧，这几乎是一个难以逃脱的规律。马克思、涂尔干、弗洛姆、梅奥等学术大家，对都市人的异化问题做了深刻的研究和阐述。正是人的异化，让"看花"成为城市温度的一个象征性动作。

每个人都有生活理想，所有真正清醒的生活理想都有一个共性，那就是希望从无法停歇的物质追求中解放出来，"看一看花"，让"人成为人本身"，而不是某种被物欲所驱动的机器。然而，工业社会的特性决定了只有少部分人能实现这一理想，因为人们不能不"吃草"，饿着肚子"看花"。

巴黎的浪漫、维也纳的音乐、丽江的小资、大理的风月会成为鲜明的地域性格，正是因为人类"看花"的时间随着社会进步反而变得越来越稀缺。2018年2月9日、10日，广州芭蕾舞团北上首都，《胡桃夹子》在国家大剧院一票难求。一种异域文化，在一座中国南方城市焕发强大的生命力，以至感染他乡，当然不是因为广州人和俄罗斯人在生活方面有多少雷同，而是因为任何一种久经考验的审美，都在这个时代成为人类的共同诉求。

在这样一种背景下，生活在怎样的一个城市，就变得非常重要。具体一点说，一座城市如果本身具有温度，那么它的氛围就可以时刻给予身处其中的人们以意义感和精神上的慰藉，即便他们没有时间专程去享受一出《胡桃夹子》，也能被环境自然熏化。

而一座城市的温度，则取决于它有没有深厚的市井文化。

"深厚"，指的是群众基础，是对某种生活样式的强烈的共同体意识。

比如广州的花城文化所包含的意义——热爱生活，注重细节，偏好心灵体验，人与人之间的善意、包容与平等，这正是围绕着花而形成的共同体意识。一座城市如果能够在生活样式上构筑强烈的群体认同，就可以一定程度上缓解工业世界给人的精神带来的压抑，让人在城市空间里随时可以回到自我，而不是像弗洛姆所说的那样，"人和自己失联"。

花象征着广州这座城市的温润、平和，但另一方面，这座城市在思想上也一直走在犀利的前沿，这是不可忽视的，也是被广泛承认的。广州在制度、观念上的创造性和媒体文化上的锐利度，在改革开放以来一直是中国的高地，而城市的治理者向来认同思想革新的价值，鼓励之，并且身体力行，这是保持市井文化活性的必要条件。

在不断革新中变得日益温厚，可以和全世界交朋友，就是今天的花城。

城市的温度

李少威

温度有两种，一种是自然界的温凉冷热，一种是人心里付出和接受爱的情感体现。只有人才能高度感受第二种温度，因为它必须以社会生活为背景。

心理分析大师弗洛姆认为，爱是一种创造性的活动，真正的爱，可以在对方身上唤起某种有生命力的东西。

一座有温度的城市，会让身处其中的人们，不断地从内心深处捕捉到这股彼此激发的生命力流淌。每个人的感受加总起来，就是城市的体温。

城市化是现代化的一部分，城市会变得越来越大。高密度的栖息人群如何在同一个空间里相处、互动，是每一座城市都面对着的问题。

人们要在物质上生存，更要在心理上生存，必须能感受爱，体验美，获得一种精神上的自在。如果说物质生存更多地依靠个人的能力，那么心理生存则仰赖于城市的温度。

尊重规则，遵守契约，互相礼让，善意待人，爱护环境，彼此鼓励，扶贫助弱……这一切，都刻下城市的温度。温度，是对城市文明的一种抽象演绎。

城市的文明程度，其实是一个庞大的规则体系。规则有显性的，它以成文的形式约束人的行为。也有隐性的，它不成文但同等重要，是经过时间淬炼、催化之后，内化为人新的本能的那部分规则。如果时间倒流20年，你还可以在一些城市看到"不准随地大小便"的墙头警告，今天基本看不到了，因为这一规则早已深植人心，完成了内化。

城市文明的建设，就是一个把价值理念和规则体系不断内化的过程。如何与时俱进地推动这一进程，是广州一直在探索、回应的问题。

当代中国，在文化心理上经历了一个随市场经济而来的开放多元、包容平等的阶段，而无论其中的任何一个方面，广州都具备更好的先天条件。也就是说，现代化过程中所提倡的城市文明理念，相当一部分事实上是广州的已有特质。举例言之，开放、包容，这是两千多年商业港口的历史形成的；提倡重诺守信，这是经济发达地区最珍视的价值；人与人之间平等相待，既互相关心，又尊重隐私，这是近现代文化的熏染所致；至于不事张扬，务实做事，则是传统文化与现代文明双重作用的结果。

广州文化继承了中国文化的一个强大基因——富于同化能力，它会把来到此地的他乡之客，快速感化成具有同样观念与习惯的同路人。改革开放后，广州作为一个重要的人口流入地，这种强大的同化能力对社会整合起到了巨大作用，这就是城市文明在具备一定的基础之后的一种自生能力。

然而，城市文明建设依旧无法完全依赖自生，因为物质进步的速度太快，同时具有不同文化背景的人流入的速度也太快。为了让精神建设跟上物质发展的步伐，决策者就必须进行有侧重的引导，对看不见的城市灵魂进行前瞻性的设计。

文明建设看似务虚，其实是很现实的，归根到底是为了增强人在城市中生活的愉悦感和享受感，让人能够享受城市。对于广州的决策者而言，这是一种精神美学：用一种恰到好处的火候，形成一种支持安居乐业的城市温度。

在这里，我听见花开的声音

黄靖芳

一城有一景，但若你来到广州，则每步都是风景。

去到陈家祠、西关大屋、东山洋楼群，历史的步伐仿佛会停留；走到"小蛮腰"、花城广场一带，时代的气息又会浮现眼前。

很少人来广州生活后会觉得格格不入，因为这里的人都很近，左邻右里亲切热闹，茶楼里外烟火滚烫，生活过起来细碎有味。即使一人独处也不会觉得孤独，因为大概没有哪个地方像广州一样，满城花意陪伴在旁，不需言语也能心领神会，一低头，一远眺，都是这座城市的善意。

默契的相处之道

三月正春风，不紧不慢，木棉花已经开满枝头。宋代诗人刘克庄曾感慨："几树半天红似染，居人云是木棉花。"

木棉树开花之时，是看不到绿叶的，因此一棵七八层楼高的树上全是清一色的红花朵，为广州的天际线带去一抹红，渲染了半边天空的云彩。

春季漫步广州街头，每个地方都是好去处，尤其是越秀公园、陵园西路这两处，能观赏到最旺盛的木棉花群。

广州人爱木棉的美，更珍惜其热烈却不媚俗，挺立风中便是一副傲傲铁骨。1929年和1982年，广州曾先后两次选定它为市花，正是因为其开花时器宇轩昂、挺拔傲岸的姿态。历来，木棉花就被人们视为英雄的象征，因此又称英雄花，广州是近现代革命的策源地，见证着诸多豪杰的诞生，木棉花恰如其分地象征着这座城市的品格。

现存最古老的木棉树位于越秀区中山纪念堂的北角，树龄已经有三百多岁，矗立于此，更显意味深长。

每每在这个季节，看到行人捡拾掉落的木棉花，就会想起我小时候，小区门口就是一棵高昂的木棉花树。寒意还没消散的春天，一阵风或雨就会将木棉花打落。那时候每天放学后，班上的同学总是约好等在树底下，一朵朵捡起掉落的木棉花。通常一个小时只能等上七八朵，但是那时候丝毫不觉得时间漫长。

拿回家后交给家里老人，我的奶奶通常会将木棉花仔仔细细洗好晒干，一朵朵串起来，像风铃一样晾在阳台上——这是四月广州的独特风景。晒干的木棉花会用来放在粥里，鲜红的花朵经过炖煮后将粥染成淡淡的玫红色，粥底呈现出微微的涩味，但整碗粥清淡甘香，是春天必备的食物。

广州春天湿气重，天气变化无常，人常有困倦感，木棉花有祛湿、清热、解毒的功效，用来熬粥、煲汤都是不少老广的习惯。

鸡蛋花则是另外一种可食用的品种，此花形状不似鸡蛋，但颜色极相似，由黄到白渐变，犹如摊开的调色盘。

因为具有清热祛湿的功效，鸡蛋花常用来放在汤里，还能防中暑。还记得初中的小卖部旁有一棵鸡蛋花树，每到花开的季节，小卖部的老板娘总会拿报纸垫在地上，收集落下的花朵，再一排排横平竖直地摆开晾干，犹如一幅艺术品。有学生经过，总是忍不住驻足端详。

类似的还有用来制作凉茶的金银花，野菊花，加入药物中和胃止痛的素馨花，健脾行气、和胃化湿的扁豆花，不胜枚举。

细细想来是很有趣的，每种花都有不同脾性，长于不同天气，开在不同地方，不知是我们的哪个先人，碰巧在落花季节，拾得路上一朵，又匠心独具，将其运用在灶台前，尝出新奇之味道，而后通知四方邻里。先气一开，再顺承广州人精致、讲究的生活习惯，以花入厨、入药的用法便代代相传至今。

广州人是懂得与花互动的，读得懂花、大地并尊重自然之道。他们是不舍得零落成泥碾作尘的，因而换种方式使花获得重生，实现它们的另一层价值，这是和大自然默契的相处之道。

恰到好处的情感

广州四季都不缺少花，但真正热闹的，还是年末的花市。

作家秦牧形象地描述了参与者的心理活动："人们常常有这么一种体验：碰到热闹和奇特的场面，心里面就像被一根鹅羽撩拨着似的，有一种痒痒麻麻的感觉。总想把自己所看到和感受到的一切形容出来。对于广州的年宵花市，我就常常有这样的冲动。"每年一次，举城出动，任谁来看都是热闹非凡，难忘的。"不行花街不算过年"可谓是广州人的信仰。

尽管大家抱怨这是一个缺乏公共空间的时代，但我们可以发现，在广州，大家在公共空间里善意地交流。大大小小的茶楼里，大家随意交谈，别开生面的拼桌文化，原意是为节省空间，让不相识的人凑到一桌，但广州人互相之间却丝毫不见怪，不尴尬，反而借着"一盅两件"打开话匣，新知旧友互相交谈，熟悉程度仿佛多年老友。

花市亦然，春节前夕，大家都有共识和默契，愿意让出一条条主干道，封路搭棚，建起牌楼，营造出一个让大家聚到一起的场所——相互结识、攀谈，人流与花流，穿插其中，置身其中，精神爽朗。据说抗日战争时期，敌机盘旋上空，广州人依然不忘照常逛花市。可见花市对其重要程度。

即使是留在广州过年的外地人，也丝毫不会担心无法融入，只因花便是最大的公约数，能让人心里产生共鸣、温情。每年，"游人购得花成束，迎得春风入草堂"的景象都在花市重现。这也是为什么春节期间普遍的空城现象，很少在广州出现，花市的举办与广州人的精神空间是一体的，这里能让人找到心安，产生真正的对家的依赖。

近年来广州花市新增了不少环节，有诸如民俗体验、民俗文化表演、民俗巡游、"非遗"手工艺品制作展示等活动，更让花市进化成知识传递的新型空间。

说到年花，亭亭玉立、外形清秀的水仙花是家家户户必备的鲜花。我还记得每年除夕来临前，大人们都会小心翼翼计算好水仙的花期，每天琢磨着日子，以期在春节来临那天让水仙呈现最饱满的姿态。

广州人的情感与这水仙也是相似的，可谓不枝不蔓，恰到好处。仔细看花市里的花，虽然被赋予不同意头，但花农们从不将它们过分修剪，过度修饰，更不会喧宾夺主，抢走花的光彩，大家都尊重花原本的生长形态和习性。

广州人买年花，买橘子，讲的是心意，不追求夸张的款式，简简单单，合适最好。不管是放在阳台还是置于房间，都只选择合适的位置，不强求大，也不奢求豪华。因而花市里的花，多是大众的平价品种，大家心里有数，不会刻意破费。

广州人的爱花是出了名的，但爱且惜，才是这座城市的品性。走在路上、溪流边、森林公园里，市民赏花只偏爱远观，不乱折枝，乱摘花。纵然喜欢到极点，也是掏出手机留影几张，只此而已。

因此在广州赏花是很舒心的事情，有秩序，很安静，有温度，"广州式赏花"的美名也因此口口相传。如何赏花，考验的是城市的整体文明程度。广州人爱花，来往之间都有默契，是恰到好处的君子之爱，最为诚实和透彻。这才使得花城之名实至名归。

历史交汇的厚重

繁盛又精致的花文化并非偶然，是广州这座城市千年来的积淀。毕竟群花争艳的地方很多，命名花城的地方却只有一个。

温和的气候，充沛的雨量，给予了鲜花在此地得天独厚的生长条件。根据记载，广州的花城历史可以追溯到西汉时期，陆贾出使南越国时，就发现岭南人爱种花、插花、戴花，屋前屋后、厅堂房内也都种满、摆满了花，赞誉这里都是"彩缕穿花"的人。

发展到汉代，随着海上丝绸之路贸易的兴起，此时的广州开始引入各种海外花卉。

唐代，广州的花卉闻名全国，这时期海外的茉莉花、指甲花、素馨花等洋花的种植已很普遍，并开始出现花卉的买卖市场，当时广州的卖花姑娘还以彩绳串起各种花卉出售，以此吸引中外游人。

到了清代中叶，广州的花卉消费市场更是兴旺，城内城外，大大小小以生产、销售鲜花为业的人家过万户，畅销的花卉贸易还带动了专业贩花码头的形成。其时，文人墨客以花为中心，纷纷举办菊花竞演大会，并和文人诗社、剧团等联合举办了各种活动，非常热闹。广州也在此时开始有规模地举办国内首创、闻名海内外的"迎春花市"。

天时、地利和人和的优势给予了广州厚重的历史底蕴，但支撑这股风潮延续下去的，则是广州人植根骨子里的开放、包容精神。

在2017广州国际花卉艺术展中，世界30多个国家和地区的花艺大师和花艺爱好者们，贡献出了将近400组花艺设计作品。风格各异、奇思妙想的艺术作品安放广州，这个艺术展无疑是广州发展的缩影。

作为中国最大、历史最悠久的对外通商口岸和海上丝绸之路的起点之一，广州这座千年商都迎来送往海内外无数商贾，商业交易的繁盛不仅带动了花卉种植业的持续繁荣，更让花卉这个意象在交流中得到升华——在这个商贸都市，花卉无疑是友善的信号，被用来展现自身的诚意与对对方的善意，最合适不过。发展至今，这样的善意仍然承继在城市的每个角落。

近几年来，花卉已成为广州城市建设的一部分，用不了多久，市民将会欣赏到主题不同的花城景色：春赏木棉、宫粉紫荆，夏迎凤凰木、紫薇，秋观美丽异木棉、簕杜鹃，冬探梅花、红叶四季。一年四季，各时不同，皆让人流连、沉醉。

至此，我们已经察觉到，在广州谈花，赏花，既是生活的一面，也是历史的承接。在广州人懂花、爱花、惜花的精神气质中，花已成为展现城市善意，体现城市风貌的标志性存在。

这是能静静听得见花开的花城，这是诗意的广州。

广州，所有的美好都是悄然发生

李少威

　　管仲说：仓廪实则知礼节。他是在探讨经济和文化的关系，其言虽简，却是一种朴素的唯物主义的视角。

　　2017年12月13日，世界文化论坛秘书长保罗·欧文斯在广州文交会上发表演讲，认为综合广州的开放、包容和活力充沛的实际表现，其文化竞争力有望在世界城市中名列前茅。2017年7月中国传媒大学文化发展研究院发布的《中国城市文化竞争力研究报告（2016）》则显示，中国城市文化竞争力排名基本和经济实力相吻合，以"北上广"打头阵。

　　非常难得，广州这座向来以物阜民丰著称的城市，坦然地揭开了文化软实力的面纱，尽管它是由外部力量去推动的。

　　广州依然低调，社会文化领域许多有重要意义的进步，都是不留痕迹地实现的。不过在今天这个信息透明的时代，进步总会被感知，被传递，成为一种隐形的力量。

悄悄地变化

广州的低调世人皆知，但人们很少深究这种低调性格的文化根源。

关于这一点，我们要从另一个典型的广州性格——自由说起。在经济领域，市场化的营商环境是公认的广州优势，其背后的保障是法治化的治理思路，即规则明确，预期清晰，对企业经营行为不会随便动用行政手段干预。

小政府、大社会的经济思想，并不完全是西方的舶来品，它根植于中国文化最重要的渊薮之一——道家思想。自由主义经济学家哈耶克1966年在东京表示，他的"自发秩序"理论来源于《老子》第五十七章第一句："我无为，而民自化；我好静，而民自正。"

"无为而治"的思想，是从自然生态的规律中引申出来的社会治理智慧，而道家在整体上也是一种自然主义哲学。

综合考察就会发现，广州是一座有着浓厚道家气质的中国城市。本土百越文化、外来异域文化和南下的北方文化互相交融，调和成"重商远儒"、百花齐放、各美其美的精神，构成了一种多元的生态系统，具备了黄老思想最好的实践条件。人们的生活旨趣也表现为一种恬淡取向和强烈的自然主义审美，日常里留意细微的享受，喜爱鲜花和植物。自成一系的广东音乐，擅长于小情境的描摹和对生活情趣的关注，而对政治、社会等大主题则鲜有涉及。《鸟投林》《禅院钟声》《雨打芭蕉》《春郊试马》《礁石鸣琴》……仅从其题目就可以一窥岭南人对自由适性的追寻。

对百姓来说，越是亲近自然，专注于对生活的体验，就越少夸耀的欲望；对治理者而言，大道无言，有功不居，也是岭南文化的一个内在要求。这便是广州人给外界以低调印象的文化逻辑。

事实上直到今天，广州的治理者们仍然一再强调，城市治理不可太随意，要"不留手尾"地做事情，让变化静悄悄地发生。典型如前些年珠江水的变清、珠江两岸景观的美化、新荔枝湾的亮相，乃至于新中轴线的成型这些大工程，都是在人们不知不觉中完成的。

所以对于身在其中的人们，城市环境的升级是在潜移默化中发生的，而对于数年来一次广州的人们，则往往呈现出一种突然的惊喜。

近者悦，远者来

在社会治理上秉持"让变化悄悄地发生"的原则，蕴含的是与民休息的治理方略。在历史上，这一方略被政治家采用的时候，往往就意味着国力的悄然增长。例如，汉朝武帝时代强盛的国力、唐朝开元期间的繁荣，正是与文景、贞观的"与民休息"方略息息相关。

《汉书·景帝纪》里用简短的语言描述过这一过程："汉兴，扫除繁苛，与民休息。至于孝文，加之以恭俭，孝景遵业，五六十载之间，至于移风易俗，黎民醇厚。"

移风易俗、黎民醇厚，就是经济社会悄然发展的文化结果。文化又会反作用于经济，好的文化推动经济的进一步发展。整个互相促进的过程，背后都取决于一种张弛有度的良好治理。

当叶公问政时，孔子回答说："近者悦，远者来。"良好的治理会形成一种积极的社会氛围，让身处其中或周边不远的人们因为感受到其好处而喜悦，让远处的人们也慕名来投奔。这种凝聚力和吸引力，又会让良治进一步巩固，社会进一步繁荣。

凝聚力和吸引力，在今天的城市发展思想里被称为"文化软实力"。最近几年，广州已明显感受到"文化软实力"对城市发展的强大托举力量。优美的城市生态环境，市场化、国际化、法治化的营商环境，风清气正、干事创业的政治生态环境，引来了许多体量庞大的投资。阿里巴巴、腾讯、唯品会正在向琶洲互联网集聚区汇聚，思科、富士康、GE、百济神州纷纷以数百亿、千亿级的规模落户广州。

一个更具典型性的现象是，以往广州的生物制药产业发展在全国并不突出，而现在，一批批生物制药企业正在从全国、全球各地往广州迁移。

这些全球顶尖企业把最新的科技应用放在广州来实现，将会带动大量新的顶尖人才加入这座城市。而高层次的人才越密集，高标准的文化就越有发展基础，逻辑上又会进一步为城市吸附更多的高层次人才。

这一循环效应，在广州已经日渐变成一种自然机制。

以文化软实力撬动项目、产业和人才的进入，这是许多城市在打的一张牌；要让循环链条成功闭合，还需要一个非常重要的因素的参与——足以"摆放"这些项目、产业和人才的地理空间，这其实是许多国内第一梯队城市的难言隐痛。

而广州手上还攥着一张底牌：它有足够宽广的用地空间。

城市共同体

孔子"近者悦，远者来"的论述告诉我们，文化必须成功转化为软实力，进入城市内部和外部人们的现实生活，才有生命、有意义，才能形成对智力、活力、效率、创造力的增强效应，持续推动城市产业发展升级，最终增加民生福祉。

广州文化软实力对人心的渗透，可从内部和外部两个维度来观察。

内部维度，主要是观察一座城市里的人们是否热爱学习，是否愿意为接受文化熏陶而投资。数据显示，广州图书馆的服务量已经连续4年位居全国公共馆第一，广州市少儿图书馆的读者接待量，在全国公共少儿图书馆中居首。2016年广州的人均文化消费位居全国城市第一，人均文化消费支出4991元，占到城市家庭人均消费支出的13.1%。

外部维度，则要考察一座城市所提供的文化产品和服务在城市之外的影响力和春风化雨的能力。2016年，广州的文化产业增加值为1050亿元，占GDP比重为5.3%；2017年这一数字预计为1200亿元，文化产业已经成为城市支柱产业之一。此外，仅2017年12月举办的文交会，就吸引了近百万人参观，达成协议或意向成交额约80亿元。同月举办的《财富》全球论坛，把

100多家《财富》500强企业带到广州，这些企业在感受广州生态、文化、营商环境的同时，也敲定了一系列投资广州的计划。

产业和文化的互相扶持，是近几年广州经济社会发展的一个明显特点，这同样是背后一系列不动声色的运筹和努力的结果。

对于广州而言，"文化"是一个以产业形式存在的生命体，而不是某种自娱自乐、与现实无关的考据。不得不说，后者正是国内许多城市在文化领域的长期困惑，一谈文化，就是历史与文物，是摆放在那里、落满灰尘、知道其价值却难以发掘的沉睡资源。很大程度上，这一问题最终考验的是运用、驾驭市场的这座城市正变得越来越整洁和优美，这是外来者很容易获得的一个直观印象。城市的外观并不反映文明的深度，但我们可从中窥见人的素质的提升，以及城市共同体意识的加固。

在中国传统文化里，人们的家庭共同体意识非常强烈，但社会共同体意识则一直非常薄弱。所以过去的人们会把家里打扫得非常干净，整饬得非常雅观，而对公共空间则往往不闻不问。广州近年来之所以能让人们感受到有越来越强的舒适感，除了通过稳定房价控制居住成本，现代意识发达降低了交易成本，包容务实减少了人际隔阂之外，更为隐性但又重要的一点是，文化的进步显著提高了城市居民的公共责任感，人们把对家庭的情感向城市公共空间扩展，视城市为一个情感共同体。

城市共同体作为一种能量实体，将来还会给广州带来什么惊喜，值得期待。

引领变革时代的"广州气质"

李少威

各界对广州的文化特质，议论不可谓不多。

两种对立性的观点很具有代表性：一种认为，广州具有深厚的历史文化底蕴，独特的地理环境催生了不可复制的社会性格，自由、开放、包容、务实四个词语便可将广州人容括其中；而另一种认为，广州与中国历史大多数时间里的政治文化中心距离遥远，更注重物质而较少观照心灵，基本上是一个"文化沙漠"。

后一种观点，逻辑前提可以讨论，但在结论上不值一驳。香港、上海都曾被称为"文化沙漠"，它来自外界的情绪性贬低，或者内部对陌生环境的艳遇式憧憬，不在理性范围之内。

至于前一种观点，它尽管正确，但链条太短，其实只涉及论据层面，而未对"文化特质"做出判断。再深入一步就可以抵达了——因为自由、开放、包容、务实这些基质，广州在文化上具有"跳跃式进化"的特点。

一般情况下，社会创新与变革面临的最大难题是新思想与旧观念之间的斗争，革新者必须经过漫长努力的积累才能渐进式地摧毁观念对人心的统治，正如生物学说的渐进式进化一样。而广州由于历史的独特性，人们受单一思想支配的经验很少，包袱很轻，故而形成了跳跃式进化的机能。这种独特的"广州气质"，正是孕育更多创新和变革可能的文化土壤。

看到了这一特点，才能串联起这座城市文化进步的过去、现在和未来。

广州文化特质的由来

自由、开放、包容、务实，基本可以概括广州的文化基质，而这些基质的形成，总体上服从地理环境决定论。

先说自由。

胡适曾做过一次演讲，题目是《中国文化里的自由传统》，他在其中说道："秦朝统一以后，思想一尊，因为自由受到限制，追求自由的人，处于这'无所逃于天地之间'的环境中，要想自由实在困难，而依然有人在万难中不断追求。"

此话不假，但广州却并非"无所逃于天地之间"。南岭横亘于北部，导致岭南与中原之间交流艰难，儒家自西汉以来"思想一尊"，却对岭南影响较弱。作为岭南中心的广州，因此素有"远儒"传统，人们不受单一思想桎梏。

开放也与地理环境息息相关。正因与内陆交通困难，人们只能将目光投向海外，形成了对外贸易优势。汉代，广州是海上丝绸之路起点；唐代，已是世界著名商埠，与50多个国家有经济文化往来；宋时，广州成为中国海外贸易第一大港；到了元代，已与140多个国家有贸易关系；清朝闭关锁国时期，广州依然是唯一对外开放的港口；新中国成立后世界两大阵营对立，中央仍然在1957年把第一届"广交会"（中国出口商品交易会）放在广州，至今已有60年历史。

包容则是开放的逻辑产物，可从内部和外部两个维度打量。内部维度是北人南迁，秦始皇遣50万人征伐岭南，作为副将的赵佗和主将任嚣进入广州，汉人与土著的百越民族开始了交融历史。秦亡之后赵佗割据岭南，自称南越王，努力稳定族群关系。此后客家人历次南迁，以及贬官、罪囚南来，形成岭南的天涯沦落人杂处之所的地位。外部维度则是对外开放，六朝时期就有外国僧侣到广州传教、建寺；唐朝国力强盛，广州更成为外国使节、商旅集中登陆地点，今天光塔路一带的"蕃坊"，曾居住着12万外国商人及其家属；宋代及以后，"万国衣冠，络绎不绝"。

对于这样一个容纳内部不同地域和民族百姓、外部不同国籍身份客商的城市而言，包容几乎是唯一出路，无可选择。学者考据认为，粤语（广州话）就是北方古汉语与百越土著语交汇的产物。人人皆知广州人爱花，从文化人类学角度看，花其实是语言不通的异质人群之间交流简化、表达善意的符号。

最后，务实其实全然是商人的特质，不尚空谈，注重实惠，是两千年的商贸历史里经济理性长期积淀影响社会文化的结果。

历史文化名城的"跳跃式进化"

以上文化基质一起发生作用，就形成了广州长于"跳跃式进化"的地域文化特质：作为一座具有两千多年历史的文化名城，广州是海上丝绸之路发祥地，中国民主革命策源地，全国改革开放前沿地，岭南文化的中心地。

一个明显的现象是，广州历史上出现的状元、高官、大儒都不多，这与其自由基质里的"远儒"传统有关。而在封建时代接近尾声，千年未有之大变局出现时，革命家、革命性的思想家就风起云涌，洪秀全、洪仁玕、孙中山、康有为、梁启超、黄遵宪、郑观应以及许多同盟会元老，均从这里走出。

儒家思想重农抑商，这对于人多地少的广州而言就是一个特殊环境，于是催动了它在封建机体内的跳跃式进化，形成并坚持重商传统。甚至敢于"本末倒置"，用商业逻辑发展农业生产，比如在明代，广州的商品性农业就非常蓬勃。

如果单就文化发展论文化特质，粤剧和岭南画派的发展也是跳跃式进化的产物。

粤剧前身是广府戏，本来并不用粤语演唱，而是使用中原音韵，从明朝万历年间开始，在广东活跃数百年。清末，同盟会的陈少白偶然生出用广府戏宣传革命思想的念头，组建了新的戏班。为了让老百姓更容易听懂，与知名广府戏艺人一道，将演唱语言一朝改为粤语。传统戏剧出现如此根本性变化，竟也大受欢迎，并迅速形成新的表演体系和社会基础。

以其他剧种为参照系，粤剧急速变革竟未遭受社会阻力的现象，就显得特别另类。在电影《霸王别姬》中，袁四爷一直逼问段小楼"霸王应该走几步""七步还是五步"，极端显示出传统戏剧变革的举步维艰。

再说岭南画派，它与粤剧、广东音乐合称"岭南三秀"，其诞生本身就是跳跃式进化的产物。

第一代大师高剑父、高奇峰、陈树人等在广州创立岭南画派之时，被称为"折中派"，中庸的名称似乎与"突破"无关。事实上岭南画派却是革命性的，正是响应"民主革命"时代潮流，用西方技法改造中国传统水墨画的结果。一经创立，就成为极具影响力的艺术风潮。

改革开放后，广州的快速发展固然有临近港澳的地理优势因素，但更不可忽视的，仍然是这一以贯之的文化特质的作用。

举几个例子。1978年，广州芳村区率先放开河鲜、蔬菜、塘鱼价格，最初塘鱼价格猛涨了四五倍，吸引外地产品流向广州，引得意见纷纭，其他地方甚至向中央告状。广州没有动摇，坚持改革，价格信号促使农民增加塘鱼养殖，很快价格回跌，3年后，在全国18个大中城市中，广州的鱼最便宜。这一突破树立了改革信心，1983年广州全面铺开物价改革，最终带动了全国跟进。广州不在经济特区之列，1984年率先成立开发区管理委员会，开发区政策相当于特区，成为全国开发区的先行者。

而当社会前行至互联网普及，这一无垠的平台成为创新创业的新天地，人们同样感受到了广州这一文化特质的强韧存在，感受到它持续地为每一个群体赋能。对于新生事物，广州人有一种与生俱来的好感，相信不经意的一刻它就可能迎来蝶变。中国人已经须臾不能离开的微信，就在这里诞生、壮大，并拥抱世界；而当Uber进入中国之后，它惊喜地发现广州迅速成为它的全球订单量第一的城市。

文化创新和引领能力

所谓文化，最重要的是活在人心、流动于人的血液中的信念传承，跳跃式进化正是广州最古老、最本质却又最具生命力的部分。

在此特质作用下，广州在20世纪90年代诞生了全国第一家报业集团——广州日报报业集团，也产生了制度性监督的"广州现象"。

进入21世纪，电子阅读逐渐挤占传统纸质出版物的份额，加之网络邮购渐成习惯，过去重要的文化传播载体——实体书店面临生存危机。2011年，一家名为"方所"的综合性公共文化空间在广州诞生，在传统书店因为成本原因纷纷撤离繁华地段的时候，方所却选择了广州最繁华的位置之一——太古汇，高调开张。

几年时间里，方所开到了成都、重庆、青岛，每到一地，这一集书店、美学生活、咖啡、展览空间与服饰时尚于一体但把最多的空间配置给图书的知识空间，都成为城市的人文地标，成为生活的一部分。方所创始人毛继鸿说，在行业颓势下突围而出，方所成了一个例外，过去一年，方所广州店吸引了200多万人次客流，全国4家店一共吸引700多万人次。

毛继鸿在时代寒流中看到，"温暖是任何时代都需要的"，为此大胆创造了一种新的文化共享形态。

过去数年间，中国音乐金钟奖、中国（广州）国际纪录片节、广州国际艺术博览会、中国国际漫画节等一批文化盛会相继落户广州，向人们展示着这座城市的文化创新和引领能力。

2014年，《今日美国》与英国《每日电讯报》分别将广州大剧院选入"世界十佳歌剧院"和世界"十二座最壮观的剧院"。获此殊荣，广州大剧院名至实归。自2004年创立伊始，中国对外文化集团就提出，要把广州大剧院打造成为与国家大剧院、上海大剧院鼎足而立的国家级大剧院。现在这一"小目标"早已实现，广州大剧院把目光放在了更大的未来。

在更宏观的层面上，2016年初国务院将广州定位为"国家重要中心城市"，而广州自身也确定了建设"枢纽型网络城市"的战略。这要求广州除了继续提升经济、政治的辐射力之外，文化影响力也要同步跟进，相当于在"内功"上对广州提出了新的考验。

文化产业的勃兴

跳跃式进化在继续，这一次是要在更大的视域下，以广州为中心编织一张文化软实力的网络。如果说已经有一甲子历史的广交会是广州两千年商贸历史积淀在现代的集成，那么如今正在构筑的全球视野下的文化软实力体系，则是其在当代水到渠成的进化体。

其他城市难以企及的贸易集散经验，被广州创造性地运用到文化领域，从而培育出一个"文化艺术广交会"集群。仅在2016年12月，广州就举办了第六届中国国际版权博览会、第21届广州国际艺术博览会、第二届广州国际文物博物馆版权交易博览会、2016中国（广州）国际纪录片节。在此之前，2016中国（广州）国际演艺交易会暨广州国际戏剧论坛、2016世界戏剧日亚洲传统戏剧论坛刚刚落下帷幕。

毛继鸿认为，广州将来不会满足于成为一个文化艺术的世界性交易市场，它将沿着形而上的方向，向更具魅力的文化高度漫溯。

当代社会是一个相当复杂的共同体，不存在单一和纯粹的经济问题、政治问题、社会问题和文化问题，很多地方的很多问题之所以看上去无解，并不是理论失灵的结果，而是变革行动和文化基因之间发生了致命的断裂。"广州气质"的独特之处正在于，弥补了这一断裂，让这座城市发生的任何重大变革都能获得一种深厚的支撑。

纵览广州两千余年的城市发展史可以发现，擅长于而且执着于从商业、贸易、市场的逻辑上去改造经济、社会、文化生活，是跳跃式进化一以贯之的作用机制。人们所习惯的这一思考维度，给文明发展注入了最为简洁的秩序，有着一种物理学公式般的美感。

这种"最为简洁的秩序"帮助这座城市积累社会资源，促进生活的雍容，深化人际的温情，加快知识的内化，推动变革的发生。

听听那遥远的鼓声

何任远

"撑——撑——撑——切"，师傅在身旁默念了一下，我和另外一位女生接着在一个牛皮鼓按照节奏打下去。还有好几个朋友轮流敲打着锣和镲。三年前，作为业余爱好者，我第一次尝试自己敲打狮鼓。在那个依然生疏的阶段里，我的手腕僵硬得打一次七星鼓的五连打都会把鼓槌打飞；经过了半年的练习后，我的手腕终于开始变得灵活一点，打出来的鼓点也没有那么生硬了，当然也没有达到那些小师傅们敲打"金钱碎地"节奏的境界。每到晚上10点，师傅让我们收起锣鼓，否则就要遭到周边居民的投诉了，当然到了这个时候，我们通常都已经玩得不亦乐乎。

我们一群已经"超龄"的舞狮学习者，最喜欢的就是加入舞狮队中能够发出巨大响声的"音乐组"。那些高难度的矫健动作已经不是我们应该奋斗的目标，但是在敲锣打鼓方面却依然可以有所作为，毕竟打鼓对体力和技术的要求并不高。鼓声是一种能让人振奋向上的声响。直到现在，每当听到附近隐约传来锣鼓声，我的耳朵都会竖起来，听听附近的舞狮队伍到底在哪个方位表演，他们进行到哪个环节。我的耳朵听过很多世界顶级大师的现场演出，然而每当狮鼓响起，我的耳朵总会变得更加敏感。

未见人影先闻鼓声

阿博是我今年才认识的一位从事园林艺术的朋友。他有一天跟我说："不知道为什么每天傍晚总听到隐约传来的鼓声，弄得我蛮好奇的。找了好几遍都没找到。"阿博住在广州的东部，正是我学习打鼓的那条城中村附近。在那个地方，高楼纷纷崛起，往日低矮的城中村握手楼则成片地消失；如果是不了解广州东部城市变迁和扩张的外来人，肯定不知道这片土地曾经是一片田野，清澈的河涌与稀疏的村屋组成了广州东郊每天傍晚独特的水乡景象。鼓声在高楼中穿越，飘到阿博的家里窗前，让阿博心中燃起好奇心。他直言好像听到了另外一个空间的呼唤那样，骑着单车在高楼之间的小巷里穿越了好几个晚上，却始终找不到鼓声的来源。他当时并不知道，那条城中村练习打鼓的地点已经换了好几个，最后落在一个重新翻修的祠堂里。

记得英国文化批评家雷蒙·威廉斯曾经与BBC拍摄过一部名为《边界》的纪录片。在片中威廉斯考察了以剑桥大学为中心的剑桥郡地貌，通过对比校园内外的生活，威廉斯认为"文化"就存在于我们的日常生活中。"文化"不仅仅局限于剑桥大学的殿堂之内，也存在于剑桥大学饭堂的工人人群，以及校园以外的各类工人生活中。通过这部纪录片，威廉斯希望传递的信息是，"文化"就是我们每天的日常生活，要让"文化"从精英化的殿堂中走向大众，必然要打破地理和心理上的"边界"概念，否则文化的话语权就会旁落到权贵集团手中，底层人群自然会被剥夺自我产生文化产物的话语自主权。阿博的经历，仿佛不自觉地进入了威廉斯的一次"边界"之旅：鼓声穿越了村里祠堂狭小的空间，飘荡到水泥森林的上空；它冲出了本身所属的物理空间，穿越了边界，来到了不再属于自己的另外一个空间里，引起了有心人的注意。只是由于阿博对周边环境不熟悉，所以才在漆黑的夜里只闻鼓声，不见其人。

诚然，在广州这样一座大城市的夜空上，什么声音都能听到。街头艺人不用说，我自己居住的楼房上空经常就飘荡着各种西洋乐器练习的声音。我家窗口外不到100米传来的萨克斯管声音，从生疏的音阶训练，到后来流利地奏出《匈牙利舞曲》旋律；街头另外一个楼盘不时飘来德彪西的长笛奏鸣曲练习响声，这些声音足以见证这座城市在音乐文化方面的多元发展。然而无论是长笛还是萨克斯管，都不能让一个路边的陌生人贸贸然走上门，跟人家合奏一番。毕竟，这些乐器具有一定的技术门槛，也不是这片土地上孕育的文化载体，社区或者群体参与度并不高。而在晚上打破广州东边城市夜空的，并非是什么鼓乐名家，而是一群20岁不到的城中村少年。这些要么来自杨箕，要么来自潭村甚至远至程介村和车陂村的东部村民们，在舞狮锣鼓中仿佛找到了一个其他同龄人难以享受的文化空间。上溯百年以上，他们都有亲缘关系，到今天依然以"老表村"相称。我的狮鼓基本技法正是这群少年村民集体教授的结果。在夜色中，小伙子们拿一张毯子盖在牛皮鼓的上面，这样击打练习就不会产生很大的声音滋扰附近居民了。

听鼓声觅人

广东一带的氏族村落，以舞狮、舞龙和龙舟等传统节庆方式进行交往和维持纽带，而这些仪式无一例外都要使用到锣鼓镲。锣鼓镲在华人传统音乐文化中自古有着非常重要的作用。无论战争还是民间的红白仪式，锣鼓镲都是不可缺少的一部分。从北到南，锣鼓镲始终都是固定基本搭配。锣有大锣、中锣、小锣，镲有大镲、中镲、小镲，鼓有大鼓、中鼓和小鼓，各种尺寸的锣鼓镲之间的组合有严格的规定，并且组成不同的地方特色。很多民族作曲家在采风创作的时候，通常首先会吸取当地的锣鼓镲音乐元素。在中国古代的战场上，"击鼓进攻"和"鸣金收兵"让打击乐器拥有了一种超乎于音乐之外的军事信号功能。在南中国的广东，锣鼓镲这种具有军事特色的用途被保留下来，并且被用到各种民间的仪式中。在端午节前后的龙舟仪式中，鼓手的角色尤为重要。有人说，这是古代百越地区训练水上军事武装的一种文化遗产。一艘多达70人的龙舟需要有高度的配合与整齐的动作，才能够确保龙舟船体行进的顺利，以及航行时的稳定与安全。而在惊涛骇浪中，桡手唯一能够接收到的指挥信号就是鼓声了。鼓声的快慢决定了桡手们划水的速度。鼓手有规律地敲鼓边，表示龙舟需要反方向行驶，桡手们是时候转身向相反方向前进了。鼓手通常由富有经验的桡手担当。

"在广东粤语地区流行的打击乐器主要是以粤剧锣鼓演奏为基础，但是大多数为醒狮服务的锣鼓，它有着自己的一套套路。"素有"岭南鼓王"之称的广东民乐团团长陈佐辉曾经这样告诉笔者。同样的，舞狮中的锣鼓镲极少作为单独的演出模式存在，而是与舞狮队员产生极高的配合。当舞动的狮子只有一头的时候，锣鼓镲要根据狮子的需要来调整节奏，然而如果舞动的狮子是两头或者两头以上，则是锣鼓镲指挥狮子们配合互动。

现年20岁不到的车陂村村民苏培健是教我最多狮鼓技法的一位小师傅，他身材瘦削，肤色黝黑，每当村里组织龙舟和舞狮的时候他总是很踊跃参加。苏培健喜欢穿有哥特式风味的花纹短裤，踩一台刻有类似印第安图腾文化的"死飞"单车，加上其黝黑的皮肤，颇有几分东南亚的味道，也是整个舞狮队里最有艺术气质的成员。对于苏培健来说，他更喜欢在传统狮鼓的基础上创造出一些花样招式，就如同他对繁复花纹的审美趣味那样，创造出炫丽复杂的鼓点节奏。由于他不是音乐学院打击乐系出身，也很难说受过正统传统粤剧锣鼓的训练，因此"鼓王"陈佐辉曾经对我提起过的背诵《锣鼓经》手法，对于苏培健可以说是闻所未闻。但是，只要掌握了"三星""七星""拜狮"和"抛狮"这些基本的鼓点，进行即兴再创作并不是没可能的事情。恰好苏培健就能够在一些意想不到的地方加插一些敲打鼓边的段落，让整段狮鼓听起来更加花哨华丽，他好像超越了狮鼓的发送信号功能，在固定的套路上进行了自己的再创造。这跟爵士音乐家的即兴演奏似乎有异曲同工之妙。

有时候在两三米的距离外看着他打鼓，我会对他的狮鼓演绎更加有感触，因为他不是高高在上，被镁光灯照射着的知名艺术家，他的审美，他的言谈，他在车陂村的见闻和想法，甚至他的呼吸和汗水味道，我都能感知得一清二楚。也许，这就是"殿堂"以外的创造力吧，生活中的点滴也可以成为文化。我之前也难以想到一个小青年的鼓声会如此让我感到触动。他的鼓声犹如低沉的脉冲，穿透了水泥森林的屏障，传到广州东部的夜空中，把楼宇之间的空气化作了自己的舞台。

在生活日益异化，审美越来越呆板的城市里，用自己的审美和乐器重新塑造自己的文化文本，总会面临巨大的困难。但让我感到温暖的是，至少阿博在远处听到鼓声之后，还会产生好奇，还搜索了好几个晚上希望找到打鼓者；至少我还会用欣赏的眼光看着身前打鼓的苏培健。当然最重要的是，我希望苏培健自己在未来的日子里能够意识到自己打鼓的价值和意义。

（作者系"80后"写作者，广东外语外贸大学英美文学硕士毕业，长期观察中外文化交流，专注东欧文史和广州本土文化发展。）

让人"回到自我"的广州

何蕴琪

"我家就在美术馆附近，每次在这个地方，就在想，如果晚上从这里的窗户看出去，看到月亮慢慢升起来，会是什么感觉。"F在我组织的故事会活动里面分享她对于夏天的感觉。她有一张质朴单纯的脸，从穿衣打扮到气质，形象和一般意义上的文艺青年有着本质区别，可能因为这样，这句话从她口中说出有一种不同寻常的真实感。她描述的时候眼睛里闪烁着光芒，我感觉自己也好像沉浸在那个诗意的意象里。

就在这次聚会前不久，我约F在一个餐厅见面，请她谈谈对自己身份的理解。和上次走访的杨箕村村民一样，F也有着一个稍显特殊的"地主"身份，她所在的村子在白云区，虽然不大，但也因着城市新移民的涌入而共享着"城中村"发展的红利。家里一栋房子在出租，她其实不太为柴米油盐忧心，因而也有了更多时间可以发展自己。和所有人一样，她经历着城市变革带来的得到与失去。如果说舞狮队、龙舟队的参与者，那些阳光下黝黑的肌肉、汗水，似乎是男性气质和宗族仪式在城市里更新的象征，那么F所投入很多的活动则似乎更有女性的特质，她对艺术、教育有超出一般人的理解。

将人打回原形

F个子娇小，打扮既不时尚也不文艺，更接近家庭主妇，头发常常用发卡梳到脑后，眼神清澈，说话语速挺快。你很难想象她比那些留长发、穿长裙、手里拿着烟，三五成群讨论艺术的艺术家、准艺术家，或是文艺青年们更加铁杆，至少在我眼中是这样。

我们最早结识是在民众戏剧圈子，具体在哪一次相遇已经忘记。也曾一起演出过，当时我给一位朋友的短剧做音效，而她独自做了另一个演出，结束后，一桌人笑说她剧中的几个bug，但她不以为忤，纯真的笑容依旧。几年来，就是这样偶尔在活动或工作坊中碰到，交谈不多。

一次我们一起看香港导演邓树荣的戏，在正佳广场，舞台在某一层，她已经第二次看了，提早在再上一层的咖啡店占好位置，招呼我们过去："这里是最好的位置！"演出后拉着导演探讨艺术问题，那份单纯执着让我们都佩服。

我问，你眼中的艺术是什么。她托腮想了一会，说："艺术是将人打回原形，修炼成妖。"我被这句话惊到了，她接着解释，我们日常的生活，"常常是把垃圾当食物"，而艺术就起到了"吸尘器"的作用。聊天中我几次被这样深度的话所触动，看得出来，这是从F心里发出的声音，是直觉而不是思考或分析，也不是知识学习的结果。

是的，这类谈话常常将我带回头脑或确切说是心灵中一个很少被触及的地方。那时在北京，十多年前，校园外面就是最负盛名的书店"雕刻时光"，在最初的认识里面，不单艺术是风格化的，连艺术爱好者也是——咖啡馆装修得很有文艺情调，墙上书架堆着一些令人敬仰的作者的书和各种小众音乐唱片，灯光昏暗，角落有猫，里面坐的人连面相都是那么艺术。他们抽烟、喝酒，这里仿佛是另一个塞纳河左岸。是的，艺术一直给我这种感觉，它必须是小众的，必须是美的，必须是与众不同的。它甚至是一种不被察觉的暗含着中产元素的时尚，影响着一群人的谈吐、衣着、举止、修辞。而假如一个人的标识不够艺术，那么他/她似乎也不被认为和艺术有所关联。

回到广州很多年，我很少参与艺术圈子的活动，这当然和性格有关，但其实也和广州的氛围息息相关。这是一个关心食物的烹制多于关心餐馆装修风格的城市，一个人们谈论柴米油盐多于谈论文化活动的城市，简而言之，这似乎是一个关心物质多于精神的城市。

一个也爱好艺术、同样在北京上过大学的中学同学和我说过这样的话："在北京，你感觉就算一无所有也可以很快乐，但是回到广州就不可能。"这种观察有它的道理。但是，真的是这样吗，广州就是一个那么物质的城市吗？

务实在艺术中

F的思维很发散，一会专注回答问题，一会又和我探讨起马克思的"冲突"论。"冲突到底是怎样产生的，不同的哲学家怎样论述这个问题？"这是她现在修读的社工本科课程要做的作业，看得出这个问题激起了她特别大的兴趣。我想起了很多年前读大学的时候，在我们这些傲娇而不知所谓的大学生中间，有时候会夹杂那么两三个旁听课程的社会人士，他们职业各异、神色各异，但同样拥有我们都比不上的对艺术、知识和真理的超乎想象的渴慕。

这可能是F的情况，几年前，她是一名专业会计，一边上班，一边拿上班赚的钱来上心理课和戏剧课。曾经是工作狂，后来因为机缘巧合，参与公益圈的许多艺术和教育培训课程，一度成为某个著名公益组织的兼职财务人员。现在她已经彻底自由身，变成我们羡慕的悠闲人士，同时修读社工课程。她特别强调，自己很幸运，当年一开始认识到的都是广州公益圈子最优秀的人。

我问以前和现在，这两种生活状态有什么区别，她说："以前感觉有点分裂，现在更加像一个整体，可以沉下心，解剖自己，面对冲突。"我意识到冲突是一个在F的生活和思绪中占有重要位置的关键词，在后来的聊天里，我了解到F有过一段失败的婚姻，她有小孩子，非常关注教育问题。尽管F自己没有提到，但我发现，无论是学习还是关注艺术、社会工作，她其实都有一个核心的关注。其实我自己又何尝不是，回到广州生活多年，开始参加当年在北京只会旁观而没有参与的剧场，是因为角色已然转变。

在当年我所观察的大学生群体里面，和诗歌、音乐、电影一样，剧场有着自己的语言——艺术更多是一种需要由展览到观赏再到评论这个过程来完成的小圈子游戏。在林少华、孟京辉积极探索先锋剧场的20世纪90年代，大学生趋之若鹜，剧场是知识分子表达的工具，它在趣味上是精英的，内容上是充满人文关怀的，而形式上却是先锋的。年轻人迅速而积极地沿袭了这些语言，就如同20世纪80年代全国年轻人都在修习现代诗一样。但到后面，当形式超越了内容，展览的意义胜过了表达时，我开始不再走进学校内外的小剧场。

但工作多年以后，剧场又突然成为我释放工作压力，从更多角度理解社群、文化、人性的地方。这是新闻工作者和文化工作者关注的核心议题之一的渠道。我虽然没有特别关注的议题，却确确实实是从自己的需要、自己成长出发去再次接近艺术，这和F有着本质的相似之处。

去风格化的广州

这个也是我们所认识的广州，它可能从一开始就不存在一个非常风格化和符号化的艺术氛围。直到现在，从事文化事业的朋友聚在一起，偶尔还是会说到，工作机会在北京、上海甚至深圳都要更多、更好，文化活动也要更多一些。但大家还是选择留下来，广州确实有它的吸引力。如同F所说，艺术可以"将人打回原形"，广州也有这样一个氛围，它可以将人打回原形，将最本质的一些东西留下，因为它有一种务实的风格。这种务实不单体现在商业中，也渗透在艺术中。所以在广州，真正喜欢文艺的人，可以很多年隐忍地仅仅因为艺术的回报而做，而不是为了一些附加的价值，我身边的不少朋友就是这样的典型。他们是律师、教师、医生、银行职员、工程师，他们表面上一点都不文艺青年，他们也很少去咖啡馆对艺术和人生侃侃而谈，但他们默默地学习、演出，然后继续上班、下班。

回到"将人打回原形"的艺术观念，我理解F所说的，是她在艺术中发现一种对身心的净化功能，这是一种完全不同的艺术观念和美学观念。在这种观念里，美，或者艺术，是有功能性的，而不是为了艺术而艺术。如同F一样，她参加很多戏剧工作坊，看戏，听大导演的讲座，最本质地，她其实在探求人的成长。

"最想做的，其实是教育，但是现在觉得自己还没有这个能力。我不想自己也像某些老师一样，把小朋友培养成机器人。"她话一出，我又一惊。F有自己的许多观察，说出来常常让人惊讶，但细思之下又有她的道理。

我们还谈论了其他话题，我发现，F非常关注社会问题，她对社会的关注，甚至不比我这个媒体从业人员要低。究其原因，可能还真的不能和她的自由身脱去干系——但是特别值得关注的是，她的关心是从一个切身的角度出发，而非传统知识分子的忧国忧民的宏观角度。

无论如何，我在这次对话里发现了一些以前从来没有留意的东西，是F身上，和我自己身上的，也是许许多多在广州这个城市生活着的普通人身上的。

认同一座城市，需要什么样的心灵气质

何蕴琪

一个星期天的上午，我随朋友参加ICS创新空间举办的一个广州导赏课，这个由非营利组织举办的项目，旨在于社区中推进对广州本土文化，尤其是历史的了解。朋友参加课程，成了其中一位见习导赏员。

我随她所在的小组，穿越了一些小时候曾经走过的旧街旧巷。

穿过龙津东路逼仄的驿巷，这里每一个小铺仿佛还是20年前的模样，阿姨在编藤椅，阿伯在卖肠粉，粤语旧曲悠扬动听，转角处一把暗绿的吊扇，像极了老电影里的布景。路上经过的一半是著名的食肆，比如伍湛记及第粥、向群饭店、荣华酒楼，等等，这些名字在老广州都是耳熟能详。

路上我想起了另一位朋友W，他说"因为好（四声）吃，所以被广州吸引"，他对广州小吃也是如数家珍，是他告诉我天河北哪里有最好吃的桂林米粉，云吞面应该去海幢公园附近找。他成了我对"新广州人",也就是不在广州长大,但对广州有认同感的一群人观察的开始。但其实这个观察过程,有趣的地方在于部分增加了我对广州,和所谓"本地人"这种身份的理解。

熟悉的与陌生的,已知的与未知的

稍有本地生活知识的人都知道,无论在什么社交场合——亲友聚会、同事聚餐、陌生人饭局,吃都是最常见、最正确的话题。范围从哪个地方有更好的烧鹅,到牛腩应该怎么做,甚至在微信群里面,这种讨论吃的氛围也很浓。只要冷场了,大家讨论一下怎么煮出来更好的米饭,或者怎样让牛排保持水分——而这些聊天的并不一定都是广州人。这就是一个晚上。

W说他刚来广州的时候,每天晚上吃烧鹅,烧腊店主人见到他路过都能自动把烧鹅切了打包好。吃了半年不间断,"都要吐了"。刚刚认识他的时候我以为他是地道的广州人,但他的口音其实不标准,粤语说得半咸半淡,奇怪的是,听起来比许多本地人都要地道。

我认为这完全归功于语言天赋,有的人学语言,发音特别准确,而有的人学语言,发音不标准但是很快能把属于那一种语言的结构(其实也是语言背后的思维方式)学习下来,W显然属于后一种。

W祖籍福建,但母语是桂林话。走在东山口的三大会址附近,他告诉我,他姨妈参加解放广州的部队来到这里,而他父母在20世纪80年代初从桂林迁居到广州。他自己也几乎在差不多的时间大学毕业分配到广州，换工作，买房子，一直生活在这里。

我发现对于这个城市，许多地方他比我还要熟悉。旧的蓓蕾剧院20世纪80年代可以看电影，5到10元一出，养育了包括他在内的一批文艺青年；20世纪90年代的夜总会在哪条路上，什么排场；江南西的某个黑社会大佬烟酒不沾，如何浮沉……这是一个我不认识的广州，或者说是我第一次听说的广州。

W的家人移民英国，而他不想离开广州。

储存在我生活记忆里的广州是很简单的，家和学校两点一线，最多去一下沙面，那是童年时代的后花园。而在W视野里的广州，更像一个充满宝物的乐园。他讲述在蓓蕾剧院看电影，认识了一个也是来自外地的人，两人一见如故，聊得不亦乐乎，最后决定要一起报考北京电影学院……这一节让我想起金宇澄在小说《繁花》里面描写的80年代上海孩子的看电影经历。这可能是所有城市生活能带给人的乐趣，特别在刚刚开放的80年代的中国。

和W以及许许多多在广州工作因而扎根下来的人不一样，我自己对于广州的重新发现始于10年前读完书回到这里工作的时候。和朋友们一起到老人院做义工，顺便在同福路或是六榕路到访一个远近驰名的素食馆，或者在网上跟帖参与单车活动，下了班骑着车风驰电掣去黄埔古港吃一碗"猫女"艇仔粥。原来对于自己非常熟悉的空间，你仍然需要不断去寻找、去发现、去确认。

直到那时候，我才发觉自己对这里有很多的感情，在那些新近发现的仿似陌生然而一直滋养你长大的空间里。如果说城市的气质，是由人去塑造的，其实我感觉自己对"广州人"的身份认同，可能是20多岁以后才真的开始，和很多并不出生长大在这里的朋友一样，是一个渐渐塑造与被塑造的过程。

这城与那城

J是因为读大学留下来，她在暨南大学读书，这是一个侨生占了一半人数的大学。"气氛很活跃很自由的，我那个班文艺青年一堆，周末的活动就是去淘碟，看画展。"

广州的文艺气息并不缺少，尤其在华师大、暨大附近的岗顶，这里是混杂的城中村地带，尽管看着不文艺，却藏匿了许多二手书店、打口碟店，流连着很多学生。

J是读法律的，考研英语差1分未果，接着参加司法考试进了律所，成了律师。她觉得自己不是积极主动追求事业和人生目标的类型，就很习惯地留在了广州。"有的人喜欢去三四线城市生活，我觉得我喜欢热闹，广州就各种方便。我是觉得如果你没有形成自己的一种生活方式、精神方式，然后回到一个小地方是没有很大意思的。"

她对比了北京和广州。"走在北京、上海，你会觉得自己特别渺小，很孤独，不温暖。但是广州不一样。"她眼中的北京是一个要追求"成功"应该去的地方，论文化，广州活动不够多，论职业，广州外企总部不够多。"但是这里是一个生活的城市，可以生活得很舒服，性价比很高。而且，这里没有太多优秀的人，压力没有那么大。"说到这里我们都笑了。

我们谈论了很多"挺玄"的问题，是不是有一种很"广州"的精神气质，而这种东西其实是潜移默化地选择生活在这里、喜欢生活在这里的人身上所发酵的。没有特别高的成功渴望，喜欢尝试生活的各种可能，偏好自由和便利，以及生活的舒适……慢慢好像是可以列出一些特质，模糊而仍然有一定的说服力。

J现在是全职妈妈，同时在装修着自己的一个小房子，要做成咖啡馆，准备作为一个沙龙式的文艺青年集结地。

那些猝不及防的变化中的不变

同事Z告诉我，她到广州20年了，仍然不觉得融入，原因是这里的语言、饮食，始终和北方不一样。她是山西人，如果在北京，感觉会更是"自己的地方"。语言在身份认同上所造成的差异，原来是非常巨大的。

"如果和本地人在一起，他们虽然不是故意的，但也会因为方便而用粤语聊起来，这时候我感觉很难加入。"Z记得刚刚来广州时，住在天河冼村的城中村，"感觉不到被这个城市接纳……后来买了房子，生了孩子，会有一种自己的生活的感觉，这个时候融不融入反而不太觉得是很重要的问题了"。

开放与保持自己的特质，对于城市来说可能永远是一个天平的两端。最近几年不少本地年轻人参与"撑粤语"（支持粤语）的活动，而我那位参加导赏课的朋友，还在学习粤语童谣，希望可以加入在中小学中教授童谣的项目。我自己也喜欢说粤语，甚至打字时也喜欢打一两句，细想之下，这真的是一种维护自己的语言，同时也巩固了一种身份认同的感觉。粤语让我感觉自己有根，而这种语言上的根的感觉，起码是急遽消逝的旧城文化所不能取代的、让人感觉心理有所胶着的所在。

广州印象

黄靖芳

当第一缕春风吹进1983年，白天鹅宾馆便敞开了门迎客。

白鹅潭畔的一波清水，浮游在迎来送往的一批批外宾心中，在历史上早早地便印记了广州开放和包容的底色。从此，更多的酒店、商贸中心和写字楼落成，天际线在这座城市画出了曲线的模样。

习近平总书记在广东考察时强调，要把粤港澳大湾区建设作为广东改革开放的大机遇、大文章，抓紧抓实办好，而人文价值链融合则是大湾区的核心特质。

一城素有一景，但若踏足广州，则每步都是风景。

漫步到陈家祠，西关大屋，东山洋楼群，历史的步伐仿佛停留；乘坐便捷的现代交通工具到"小蛮腰"、花城广场一带，时代的气息又会浮现眼前。过往、当下，从未如此紧密无缝地衔接过，也鲜有哪座城市如广州一般全方位地绽放，让人充满期待。

春风没有停歇，她缓缓地亲吻城市里的每个角落，珠江水边的故事，正在诉说。

历史气息浓厚

每座城市都有别称，那刻记着一段尘封的历史和人们的信仰。

广州，也称羊城。传说在很久以前，广州黎民百姓个个敬神，人心向善，每逢年底，家家送灶神上天，香烟缭绕直上灵霄殿。玉帝顿觉心旷神怡，遂问灶君："下界何处臣民，如此诚心？"灶君回答说："是广州城的老百姓。"

玉帝大喜，叮嘱五谷仙下凡，赠送五谷予广州百姓，保佑黎民年年丰衣足食，免遭饥荒。

在如今的越秀公园西侧，还矗立着建于1959年的五羊石像，栩栩如生，眺望着迎接远方的客人。羊是极具灵性的动物，它虽不跳脱如兔，但也沉稳、厚重。广州的"羊城"别称，很早就为各地的人们所熟知。

与这个传说一脉相承的，则是其源远流长的历史。在公元前9世纪的周朝，广州便有最早被称为"楚庭"的名称。建城两千多年来，历史润泽了万物，在这里留下了丰富的痕迹。

就一处越秀山便能见证许多历史。曾经的广州城墙环绕，而目前保留完好的城墙遗址就在越秀山上，尽管面积不大，但是却安静地诉说着过往的记忆。

"烟锁池塘柳，灰堆镇海楼"，在其旁边的，则是正直开阔的镇海楼，五层方正的建筑成为表述这座城市最完好、最具气势，也最富有民族特色的古建筑。

在越秀山顶还有中山纪念碑，又称纪念塔，是为纪念我国伟大的革命先行者孙中山而建，它是由南京中山陵设计师吕彦直设计的伟大作品。

如今，以越秀山为主体的越秀公园正成为市内外游客的必到"打卡之地"，每到周末便是一处欢声笑语之景。

在数据上也显现了这样的热闹境况，由中国旅游研究院发布的《"智游广州文化名城"旅游大数据报告》显示，越秀公园荣登全周期最受欢迎"文化旅游类"景点排行榜榜首，独占了统计范围内广州市文旅景点全部游客流量的71.2%。

不仅是极具历史感的建筑见证着古代羊城的辉煌和荣誉，在近代，广州仍然扮演着重要的角色，从越秀区到黄埔区，我们得以见证一段走过一千多年的历史。

在如今黄埔区的长洲岛内，还保留有黄埔军校的旧址。1924年，孙中山在苏联顾问帮助下，创办了培养军事干部的学校——中国国民党陆军军官学校，而后更名为中华民国陆军军官学校迄今。从这所军校走出了大批军事人才，沙场建功，政坛驰名，在20世纪上半叶的历史上，留下了赫赫功绩。

作为国内知名的一线城市，到处可见的高楼大厦无疑显现着广州的摩登和现代化，这是快速发展的当代中国最为精彩的缩影，但是，我们仍然可喜地看到，过往的历史没有消失，它仍然被完好地保存在急匆匆的城市步伐里。

初次到访的游客，可以从中读出城市的韵味，即使是土生土长的本地人，也能在此更了解自己的城市，自己的家乡。

特定的城市建筑，还会为城市带来特别的记忆，比如古时广州的"西关小姐"，就是指广州的城西地区富贵人家的小姐。城西住着很多商贾人士，来往着很多外籍人士，也因此西关成了广州富商的一个划分区域，懂外语的人多，家庭风气开化，出身富家的千金们自然摩登时髦，便有着"西关小姐"之称。当你来到这一带，看到古色古香的建筑，听到人们这样称呼，千万别觉得奇怪。

如今，广州还迎来了习近平总书记亲自谋划、部署和推动的粤港澳大湾区战略发展的重要机遇期，在这个开放程度极高的文化湾区里，广州凭借独特的历史底蕴，必会在其中占据重要的一席。

"最广州"旅游品牌

作为世界知名的花城，广州的"花市"品牌早就走出了国门。2018年春节期间，迎春花市的品牌在海外也同步打响了，一场名为"当广州遇见巴黎"的海外花市活动在巴黎地标性建筑大皇宫举行。

"小蛮腰"与埃菲尔铁塔，广州与巴黎，大皇宫荣誉大厅外墙上醒目地投影着这样的图像，为海外花市活动打上了最鲜明的烙印。与传统迎春花市不同，整场活动是从声、光、味三重角度来打造广州带给法国人的日常体验和亲切感。

没有什么能比"花"更能代表广州人的精神气质了。在广州城内，每到春节前夕，一年一度的花市便又热闹起来了。大家都有共识和默契，愿意让出一条条主干道，封路搭棚，建起牌楼，营造出一个让大家聚到一起的场所。

"花"的意象流行于此是有原因的，作为中国最大、历史最悠久的对外通商口岸和海上丝绸之路的起点之一，广州这座千年商都迎来送往海内外无数商贾，商业交易的繁盛不仅带动了花卉种植业的持续繁荣，更让花卉这个意象在交流中得到升华——在这个商贸都市，花卉无疑是友善的信号，被用来展现自身的诚意与对对方的善意。

除此以外，还有很多的景点标记着广州的气质和魅力，比如说起喝早茶，大家会想起广州酒家、陶陶居、点都德，一瓶致美斋酱油、一袋皇上皇腊肠、一块黄但记鲜花月饼，再加上一包岭南穗粮大米，"老字号"成为承载广州人感情的地方。他们尽管不能准确定义"老字号"究竟有多老，老字号的场所有多金碧辉煌，但是他们知道，这里出品实在，价格公道，浓缩着人情与世道，是那种"无论你什么时候来，都能吃到的味道，都能见到的老面孔，都能回味的地方"。

"食在广州"是广州的另一块金字招牌，因为历史上往来通商活动频密，广州的美食集聚了不同的风味，同时本地食材丰富多样，人们追求新鲜、清淡的饮食口味，所以广州的美食能涵盖最大的公约数。不信你看那些早茶桌上淡定的食客，他们有最挑剔的胃口，同时有最闲淡的心思，在茶楼点心车的来往间，广州的一天就这样开始了。

在不起眼的街巷里，藏着最地道的食物，那是人们用心烹制的食物，也是代表着最接地气的广州出品。因此，你既可以在路边的大排档里谈笑风生，也可以在高档餐厅里体面进食，不管哪种方式，人们都能在其中感到舒心、惬意。

在大湾区这个充满活力的世界级城市群中，毫无疑问，广州会参与构建一个宜居、宜业、宜游的优质生活圈。

2018年，广州也有了自己的米其林指南。其中，共有8家餐厅获得米其林一星评级，全部为粤菜餐厅。一直以来，米其林评审员不断在全球范围内探寻拥有丰富饮食文化与传统的国家和地区，广州则成为全球第32个获得米其林指南评鉴的目的地。

米其林指南国际总监米高·艾利斯表示，广州米其林指南榜单彰显了当地深厚的美食底蕴。不论是烹饪的技艺、食材的运用还是口味的创新，都足以说明这座城市极高的餐饮水平。

从受游客喜爱的旅游类型来看，广州美食依然是来穗游客最感兴趣的旅游类型。调查显示，选择地方美食的比例最大，占62.72%。

世界魅力之都

如果说越秀山、东山洋楼群是广州的一面，那么走进珠江新城便是另一面。那一面面对历史，这一面面向未来。珠江水流过新城，一河两岸的精致景观里，流着新时代广州的基因。

最耀眼的必定是新的地标建筑"小蛮腰"，一座广州塔矗立在珠江畔，高600米，犹如精致的摩登女郎，在向世界发出着自己的声音。当你在海珠区和天河区流连，都极有可能看到这处标识，一眼便让你感觉惊喜。在广州塔的顶端，还有旋转餐厅和摩天轮，在观光舱中游客可以鸟瞰广州全貌。

英国艺术家瑞安·甘德有一句名言："在生活当中，我们和艺术处于一种不期而遇的邂逅状态。"这就是在当代广州呈现的多面，比如就在"小蛮腰"对岸、总建筑面积达到10万平方米的广州图书馆，是广州随处可见的公共空间中比较特别的一处，外立面由玻璃和石材错落拼成，凹凸不一的呈现，像极了很多书籍堆砌在一起的样子。

图书馆的外形就像翻开的书页，建筑通高高达50米的中庭，顶部是玻璃制的天窗，阳光可以洒落进来，直落一楼的地面。中庭的左右两侧是新馆的南北楼，中间有若干通道连接。其建筑设计由日本的建筑师宫川浩完成。

一座伟大的城市需要配备一座歌剧院，广州大剧院便肩负起了这样的重任。她矗立在珠江边上，犹如一块久经洗刷的灵石。如今，广州艺术节成为大剧院每年的例牌节目，从8年前开始，艺术节犹如活跃的细胞注射在城市的血液里，充分地调动了人们的灵感和智慧，而大剧院更以每年制作一部大型全景歌剧的速度，有计划地引进世界上的知名歌剧作品。

每逢这些年度歌剧演出的时候，那些盛装从广州各区、珠三角临近城市赶来的人们，都记得这一个个华丽而深刻的夜晚，在珠江畔的歌剧盛会。他们仰望星空——花城广场上空的繁星，和大剧院的穹顶，从那些浸润了千百年经久不衰的抒情唱段里，深入到人类文明的深处，采摘心灵的、艺术的、道德的力量。

人们会发现，历史从来不是广州这座城市发展的桎梏，反而是发展的积淀，让这座城市有更足够的底气面对未来。

作为"世界三大灯光节"之一，与法国里昂灯光节、澳大利亚悉尼灯光节齐名的广州灯光节，已经成为广州城市形象的新名片。那晚的广州，四大展区共41组灯光作品接连发放，一束束灯光将广州的夜空照亮，更成为不少人必到的打卡地，亲临过现场的观看者都会感叹，那是现实里看过最接近童话的梦境了。

过去数年间，中国音乐金钟奖、中国（广州）国际纪录片节、广州国际艺术博览会、中国国际漫画节等一批文化盛会相继落户广州，向人们展示着这座城市的文化创新和引领能力。

人们来到了广州，就等于走进了一扇世界之窗，从这里纵览世界。好的艺术家、好的作品愿意在此集聚，迸发出最新、最好的创意。

敢于创新的广州，正给游客呈现出各种不同的可能性。如今这样的城市形象已经传播得越来越广，2018年广州便先后赴23个国内主要城市密集举办了25场春节专题旅游推介，创新举办了"国际旅游知名人士·幸福广州之旅"和"城市精神·荣耀之旅"活动，邀请国际旅游界领军人士来广州过年，推选广州城市精神杰出代表免费乘坐邮轮。

在2018年的国庆节期间，穗共接待游客1472.55万人次，旅游业总收入115.60亿元，再一次刷新了国庆旅游接待纪录。

第二章　让森林走进城市

吃穿住行用生活方式决定人类未来

哲夫

党的十九大报告已经明确提出"形成绿色发展方式和生活方式"。之后，习近平总书记又在不同场合进一步发表讲话强调：要充分认识形成绿色发展方式和生活方式的重要性、紧迫性、艰巨性，把推动形成绿色发展方式和生活方式摆在更加突出的位置。并就此提出6项重点任务。这让我想起《关于加快推进生态文明建设的意见》中提出的要"把培育生态文化作为重要支撑"，作为文化人，我觉得这句话切中了中国环保的要害。

吃字当头

中国是具有三千年文明史的古国。若以百岁为人类文明的寿数，那么我们中国人现在也就三十岁，正值壮年。欲望驱动下的智慧，在不受良知约束的情况下，其为恶的力量十分巨大，我们今天看到并津津乐道的人类文明其实是与野蛮博弈的结果。而文明的核心支撑便是文化。没有文化支撑的可持续发展是软弱无力的。这是早已被历史证明了的。

人类经济活动和人类文化活动是人类文明的两个翅膀，没有这两个翅膀的支撑，人类就会被打回原形，重归野蛮与混沌，与禽兽无异。美索不达米亚平原的两河文明、中国中原地带最早的黄河文明，以及基督教文明和后来的中国的儒家学说的文明等，概莫能外。

判定文明出现的标准，在形式上是城市的出现，文字的产生，国家制度的建立。而更内在的东西却是文化。文化是构成翅膀的羽毛，没有这些羽毛柔韧的支撑，翅膀只是一些支离的翎子，扶不住风也梳弄不了气流，不能扶摇于空中，而扶摇的高度，则是文明的程度。

人类文化发展的共识有三，一是生存竞争的经验积累和总结。二是不同时期、不同环境、不同地域、不同种族人类经济活动和文化活动的互相影响和融合。三是人类生物特性和智慧特性在漫长的自然环境和人文环境中形成的共识。具体又可以大分为两种：一种是世界性的，一种是区域性或者民族性的。人类走向文明的标志性事件之一，是不再吃生食，开始使用火，吃熟食。吃出味道，吃出花样，吃出艺术，却有个漫长的发展过程。

人类与万物一样，诞生伊始，吃字当头。文化不同说法也有不同，西方人直白：弱肉强食，人以杀生而养生。东方人含蓄：人是铁，饭是钢，一天不吃饿得慌。故而孔子曰：民以食为天。但说的其实都是人类生理特性所决定的一个共识：人生要吃东西，不吃东西会死人。

但吃什么东西和如何吃东西，不同国家、地域、民族，却有不同的选择和习俗。

吃五谷杂粮菜蔬之类天然无害。靠山吃山，靠水吃水，也无可厚非。遗憾是，吃字当头的人类，如同失去了痛觉神经的章鱼，时时刻刻都在快活地自噬而不自知。

比如说《舌尖上的中国》，就展现了许多种异彩纷呈的美食，这也是一种倡导。中国是个注重美食的国家，所以饮食文化之发达，在世界上也算是屈指可数的。素来就有东辣西酸南甜北咸之说。而具体到每一个地区时，又各有不同。

吃相不文明甚至野蛮是全球性的。没有买卖就没有杀戮，没有吃的需求就没有杀伐和捕猎。人类不良的生活需求势必决定社会不良的生产与供给。人类的不良生活方式又会反作用于人类社会，并最终决定人类的命运。如果我们不能及早打破这个悖论，那么恩格斯所说的自然对人类的报复，将会一再被人类不良的生活需求所导致，并不断被人类不良的科技所放大，最终被侮弄、被损害的不是万物而是人类自己。

穿的文明

人类文明始于不再饮血，同时也始于不再简单地茹毛。茹毛伊始即有文明曙光。从茹毛皮走向穿桑麻棉纤的织品，有了知羞识耻的意味，有了审美追求，分门别类成为华丽的人类生活的艺术风景。但是光怪陆离的背后往往还是会暴露出问题。

养蚕种麻，织布纺纱，从简单的煮染、蜡染到颜色花式复杂的印染，是个渐进过程，印染厂排出的带色的污水，轻而易举，便可污染一条清澈的河流，这是后来人们才注意到的事实。让人们不解的是，古代也在浣纱染布，比如西施便是一个浣纱女，那时的河流为什么没有被污染？现代文明使人类吃的品位、穿的品位、住的品位、行的品位、用的品位，更加高大上，为了满足需求不得不铆足劲提升科技含量，于是各种科技的副产品也浮上水面。

这是互为因果的。科技在给人类带来各种便利的同时也在不断重创人类。但科技也在努力解决这个问题。记得我去徐霞客故里江阴市考察过一个纱里淘金的企业，主人公是一个名叫陈建忠的企业家，他们早日本十几年自主研发出一条环保生产线用于生产不需印染的布。中国传统印染行业的污染之重是常人难以想象的，一个印染厂排出的污水就可以毁掉一条清澈的河流、一个美丽的湖泊，重创一方人赖以生存的山清水秀的生态环境。印染行业污水排放总量占全国制造业排放量的第五位。面对纺织行业触目惊心的污染现状和尴尬的发展现状，陈建忠告诉周围的人们说："美丽不需要付出如此高昂的代价！"

他把人生中最美好的光阴全部投入到了这项试验当中。有人说他痴，有人说他迂，也有人说他不自量力。更有人说他具有大聪明，率先一步走向了循环经济和清洁生产，解决了中国印染行业污染之重的大问题。陈建忠试验的是让纤维着色，生产不需印染的纺线，织出永不褪色的布。他用四年的时间不断地试验，着色逃逸，整个车间如硝烟弥漫，成批的设备报废，一次次失败，两个亿的资金投入打了水漂。他几乎无法支撑，但有一个信念始终在支持着他，这个信念就是，人生在世至少要"做一件有意义的事"。

成功在这时悄然降临。他创造的在线着色法，从投入到产出，整个工艺过程无污染，从根本上规避了印染环节产生的严重污染，实现污染零排放；比传统的印染工序每吨产品可节约水80多吨、节电约1000度；采用这一新工艺技术可以使整个纺织企业降低成本15%以上。霞客环保每年节约的用水量相当于一个30万人口城市的用水量。他最大的心愿就是推广他的在线着色工艺，希望全世界都穿他的生态环保服装。

住的窘境

人类择水而居，文明始之于河流。从树上爬下来或是从洞穴中走出来的人类，傍着河流寻找适宜人类生存的地方，并在那里刀耕火种，建起了自己的村落、乡镇、城市，最终住进了高楼大厦，过上了文明的生活。河流使人类文明兴，而人类文明却使河流衰。

这是一个不争的事实。全球无不如此。美国俄亥俄州的凯霍加河成为著名的"着火的河"，描述为"棕褐色，有油性，冒出地下气体，河水是在渗出而不是在流淌"。俄罗斯卡拉恰伊湖被认定为地球上受核废料污染最严重的地方，致使50万人受到辐射。阿根廷350万人生活在马坦萨河受污染的盆地里，这条河被称为杀戮之溪。孟加拉的布里甘加河周遭每天有近400万人面临水污染所带来的恶果。恒河是印度教最神圣的地方，也遭到了严重污染……

中国的七大水系污染程度由重到轻顺序为：辽河、海河、淮河、黄河、松花江、珠江、长江。其中辽河、淮河、黄河、海河等流域都有70%以上的河段受到污染。太湖、滇池、巢湖满是藻类和水葫芦。水污染正从东部向西部发展，从支流向干流延伸，从城市向农村蔓延，从地表向地下渗透，从区域向流域扩散。水污染主要受工业污染、城市生活污水污染、地面源污染。多种因素造成的复合污染，将使得中国水污染恶化的状况越来越严重。越来越多的人，放弃自来水，花钱买矿泉水、纯净水。这在过去无法想象，那时的地表水和地下水是清纯的，也是无价的。

原本城市是一本书，码放着字儿一样的建筑，字里行间行走着生命，岁月句读一样荣枯着草木，繁衍出许多苍老和年轻的故事，人们把这些故事序列成历史。这些书开卷相似，往里翻，就各有不同。人生无常，历史厚重，感叹出一个又一个问号：这些年在外边漂着，看多了东西南北的城市，越来越觉得城市与城市之间，雷同越来越多，差异越来越少？许多城市在攀比似的翻新，都是计算机设计、激光排版、现代印刷、马蒂尼装订在线出来的产品，而且封面、版式、纸张出自同一位设计师。距离在缩短，差异也在消失。随着人口增长，城市森林也在不断茁壮成长，而周边河流和地下水却在枯竭和消失。挽留自然仿制河流成为改善生存环境的手段。城市，不再是一本各有不同，耐读耐回味的书，渐次变成一支浮泛躁动红尘万丈的流行歌曲。

城市是随着人类的发展而成长的。它所拥有的能量都是人类轻率地赋予它的。以往它已经制造出许多环境污染和生态灾难，假如人类不能将这种分崩离析的能量回收和利用，那么21世纪等待人类的，将是能量与能量的持续不断地交换和较量，直至耗尽物华天宝和人类的生命。住在城市里的人，呼吸不到新鲜的空气，喝不到天然纯净的水，吃不到新鲜的粮食和蔬菜，食物中充满各种剂。

城市化建设引起一系列城市水土流失问题。城市水土流失是一种典型的现代人为加速侵蚀，比农村水土流失影响因素复杂。除了指定的受纳场，不合法的弃土渣以及各种垃圾的倾倒，几乎在所有城市都随处可见。便连被指定的受纳场或是堆放尾矿的渣场，也在此例。如果没有采取严格的水土保持工程措施，依然是一个包藏祸心的隐患，平时它似乎无足轻重，却不知在什么时候，就会突然爆发。汶川地震导致山体滑坡，一座村庄被掩埋，除了天灾，其实还有水土流失的原因，地震只是一个催发因素而已。

行止阡陌

荀子在《劝学》一义这样说："青，取之于蓝，而青于蓝；冰，水为之，而寒于水。木直中绳，輮以为轮，其曲中规。虽有槁暴，不复挺者，輮使之然也。"

这里提到青出于蓝而胜于蓝和木头变轮子的经过。文明如同大树，生机勃勃却不可以独立行走，砍伐下来绳墨之，使其变成圆圆的轮子，却可以滚动千里。大树是文明现象，而轮子则是其内在文化支撑。有了轮子行也在其中。对行的本质他又作了论定：君子性非异也，善假于物也。假舆马者，非利足也，而致千里；假舟楫者，非能水也，而绝江河。

今天的飞机、轮船、高铁、轻轨、汽车、宇航技术和即将使用的无人驾驶汽车，无非都是荀子时代舆马舟楫的升级产品和更新换代，形式上有高低不同，行的本质并没有变。只是过去生产牛车马车自行车的花费，与现在生产飞机轮船汽车的花费，也即是二者对资源的消耗和对环境影响的评价，已经有了天大的不同。这就是文明的作用力与反作用力。

截至2017年3月份，中国机动车保有量超过3亿辆，汽车保有量超过2亿辆。交通便捷使地球变得越来越小。水资源大量消耗和工业污染也在加剧。已经没有多余的地方建星罗棋布的水坝和电站。大地上环绕的阡陌早已超越了自然容许的昆虫界蛛网的密度，而拥堵在蛛网上的蜘蛛的数量还在日新月异。数不尽的工厂还要加上几倍的数不尽，农药污染了土地而肥沃全靠化肥。

光靠一个地球已经无力承载人类文明的发展变化。山川、河流、森林、湖泊、地下水，生物和动物栖息的和生存的基本条件，在飞快地消失。人类的生存权利如同被砍伐的树木被污染的江河那样已经所剩无几。

城市化带来了日益严峻的资源环境影响。1970年以来地球生命力指数下降了28%，其中热带是重灾区，在不到40年中下降了61%。我们的生活方式过度消耗了自然资源，我们使用的资源量超过了地球供给的50%。

古人行走江湖，充满诗情画意，今人之旅行，却是拥堵的代名词。不妨现在就把人类历史和人类行为置于时空的放大镜下正反两面细细审视，正着看人类的创造实在丰硕而且伟大，反着看却觉得我们人类有时候实在渺小而且可笑。等繁华散尽之日，尘埃落定之时，纤毫毕现之际，悔之就晚矣。诗曰：我思故我在，我在故我思；在时若不思，思时已不在。

用在其中

吃、穿、住、行、用，人类文明首先体现在人类生存必需的这五大要素上。先有文明的形式而后才有文化的内容。但文化反过来又成为文明的翅膀或曰轮子，成为文明的内在支撑抑或载体。而承载以上所述这些变化发展的又是什么呢？是天地和水土。

人的五项生存需求使每一个来到地球上的人，从出生始便会与三座大山为伴，一是消耗和浪费掉一座资源大山；二是排泄和制造一座垃圾大山；三是因间接的不良需求使社会走向恶性发展，直接导致生态破坏和环境污染。有需求就会有生产，是供与需的关系。所以现在的环境污染和生态恶化，过去、现在、未来，人人都担着一份脱不了的干系。

现在垃圾的内容也与时俱新，比起过去有机的简单的垃圾，危害更加巨大。塑料垃圾自然分解需要200年以上，会污染周围的土地和水质。江河中的塑料制品阻塞航道。海洋中鱼儿吃了塑料袋会死亡。青海湖近千只羊因误食塑料袋致死。温度达到65℃时发泡塑料餐具中的有害物质会渗入食物。塑料时代的到来曾赢得人类一片欢呼，那是一个划时代的创新，至今也还处处离不了。然而不经意间却已成为最棘手的生态问题。

电子垃圾潜在的危害相形更加巨大。一节5号废电池可以使1平方米土地荒废，一颗纽扣电池弃入大自然后可以污染60万升水，相当于一个人一生的用水量。1998年《国家危险废物名录》上定出汞、镉、锌、铅、铬为危险废弃物，重金属污染无可置疑。

人类知道，鱼儿离不开水，鸟儿离不开天空，野兽离不开山林，却总忘记，人更离不开这些东西，而这些东西却完全可以离开人。人类对地球资源不计后果的超前透支和过度消费已经使地球不堪重负。社会中的每一个人都是资源的消耗者与垃圾的制造者，都是不良生活方式直接和间接的参与者，也都是环境污染的受害者，环保不仅仅是公益，而是人类的自救。

趋吉避凶是人类本能，从吃、穿、住、行、用，这五个人类生活必需的元素着手，约定、倡导、培养良好健康的生活方式，过有约束，有节制，有益自然、社会和自己的生活。纠正不良的生活习俗、百无禁忌地吃、没有节制地浪费、极度奢侈等，以釜底抽薪的方式，从源头上切断人类社会所有野蛮的不文明的生活需求，从而根本性改变掠夺性的生产经营，势在必行。

在我的印象中，广州是一座现代城市，也是一座知行合一的城市，有自己的悠久的历史文化，也有自觉的现代意识，而且在中国一直处于先行一步的位置。所以，广州在生态环境的建设方面，在生活方式的改变上也在全国起到带头作用，倡导绿色的，更健康的生活方式，不仅是为了保护环境，更是为了保护城市，保护我们自己。

　　（作者系全国人大环境与资源保护委员会"中华环保世纪行"特邀作家，中国环保文学研究会理事，中国作协会员，山西省作协副主席，国家一级作家。已发表作品千万余字，获中国首届环保文学优秀作品奖、中国图书奖、冰心文学奖等多项大奖。）

广东生态发展机制研究

梅林海

广东省的生态发展区域，包括重点生态功能区以及农产品主产区，面积为118086平方公里，占全省面积的比例高达65.64%。然而，产出的GDP仅占全省的9.44%。这些地区大多数地处贫困山区，普遍存在经济水平落后、财政运转困难、基础设施落后等问题，地方发展意愿迫切，但发展动力不足；生态环境良好，但作为全省生态屏障与水源涵养区，生态保护要求高、压力大；发展与保护的矛盾突出。尽管目前省财政对生态发展区域的转移支付已初步发挥协调区域发展的作用，但还无法充分调动当地主动保护生态的积极性，也不足以支撑生态发展区域享有相对均等的基本公共服务，可评价、考核的工作体系尚不完善，因此迫切需要开展生态发展机制的相关调研与研究工作，通过调研和一系列政策机制研究、设计，建立促进生态发展区域生态发展的长效机制。

2013年，广东省发展改革委联合省林业厅，组织广州地理研究所、中国科学院广州能源研究所、暨南大学等多家科研机构，开展探索建立"广东省生态发展机制"专题调研。调研组有针对性地选择了5个县进行实地调研，分别是2个省林业生态县韶关翁源县、梅州平远县；2个水源涵养地韶关乳源县、河源和平县；1个粮食主产区云浮云安县。通过与5个县各职能部门座谈以及走访产业园区、重点企业、生态保护区等，收集整理了各县对于生态发展机制的相关建议与意见。同时还收集整理了48个生态发展县（市）的相关数据资料。调研组还广泛查阅并总结了国内外生态发展地区的实践和经验。在此基础上，结合生态发展区域的实际情况以及发展需求，完成了《广东省生态发展机制研究》报告。其核心观点与建议如下：

一、广东生态发展现状基本判断

（一）生态发展区域发展与保护的矛盾突出

我省的生态发展区域大多数地处贫困山区，发展与保护的矛盾突出。具体表现为：

一是资源丰富多样，但优势尚未完全发挥。生态发展区域林、农、水、土、矿、旅游等自然资源丰富，在全省具有突出地位。然而，由于受发展基础、地形地貌以及区位等条件的影响，生态发展区域的这些自然资源优势目前尚未完全发挥。主要表现在资源损耗型工业以资源初加工为主，加工深度不够，产业链短，资源利用效率不高；旅游资源开发低端重复，旅游业发展落后于国内其他同类资源禀赋和条件的地区；农业产业化水平以及市场化和品牌意识有待提高等。

二是环境整体优良，但生态敏感脆弱。水、土、气、生等各项环境质量整体优良，明显优于全省其他地区。然而，由于受自然环境与土壤属性影响，水土流失与石漠化较为严重，面积分别占全省的90%和80%以上。生态环境敏感脆弱，环境容量极其有限。近年来，在珠三角产业转移的过程中，一些污染类产业，如化工、陶瓷、冶金等开始向生态发展区域转移，使部分地区生态环境受到严重威胁。

三是生态地位突出，但生态保护缺乏积极性。生态发展区域主要位于以中低山、丘陵、盆地和谷地为主的地区，是众多河流的发源地，也是广东省重要的生态屏障和农产品主产区，生态地位非常突出，对于保障全省生态安全具有重要意义。尽管如此，由于现有生态补偿的力度不够，难以弥补生态发展区域保护生态环境的成本与代价，因此，生态发展区域生态保护的积极性普遍不高。更关键的是，由于现行绩效考核制度尚未扭转，经济增长仍然为价值导向，因此围绕绩效考核的指挥棒，易造成经济上的短视，出现为尽快摆脱贫穷落后面貌而过度开发资源，牺牲、破坏环境的情况，给生态发展区域以及全省的可持续发展带来巨大的威胁。

四是地方发展意愿迫切，但经济落后，发展动力不足。近年来，生态发展区域地方发展意愿日益迫切，地方政府纷纷加大招商引资力度，想方设法发展经济，经济实力不断增强。但经济基础依然薄弱，经济水平落后；工业基础薄弱；底子薄、区位远、交通不便，加之基础设施与产业生产配套差等，造成地区经济发展动力不足，招商引资困难，特别是上规模、高层次的企业更难引进。

五是财政运行困难，主要依靠省级转移支付。主要体现在收支缺口大，大部分依靠省财政转移支付。

六是基础设施欠账严重，基本保障水平低。生态发展区域交通基础设施落后；公共设施落后，教育、卫生、医疗水平较低，环境保护力度不足，人们生活保障低。

（二）现行相关政策机制尚不足以支撑生态发展区域的生态发展

一是现行纵向转移支付制度对于保障全区基本财力发挥了重要作用，但实现基本公共服务均等化的财政缺口依然很大。近年来，纵向转移支付总量规模上不断扩大，尽管如此，生态发展区域实现保运转与基本公共服务均等化的财政缺口依然很大。

二是制度本身尚存在突出问题。其一是结构性问题。在现行省级转移支付项目和类别中，用于均衡地区间财政能力的一般性转移支付所占比重偏低，而税收返还和专项转移支付所占比重高达70%以上。其二是专项转移支付地方配套要求不合理。专项转移支付项目往往需要地方政府资金作配套。

三是横向转移机制已初步建立，但力度不大，作用有限。

四是以林为主体的生态补偿机制基本建立，但还存在补偿要素单一、标准低、一刀切等突出问题。目前广东省已基本建立以林为主体的生态补偿机制。森林资源的补偿模式以生态公益林补偿和生态重点工程建设为主。从调研得知，护林员的工资较低，护林经费不足，不利于生态公益的管护与建设。生态公益林补偿标准还存在一刀切等问题，简单按面积补偿，注重"量"而忽略"质"，造成生态公益林质量参差不齐。

五是新兴出台的生态保护补偿办法补偿范围有限，难以惠及所有生态发展区域。2012年能够享受生态保护补偿的生态发展县（市）仅有11个，均为南岭国家级生态功能区所属县。

二、广东生态发展政策建议

（一）转变发展思路，树立生态发展的新理念

　　一是要树立生态发展的新理念。其一是尊重自然的理念，因地制宜地确定发展模式、发展方向以及发展内容，确保发展过程不以对生态环境的破坏为代价。其二是主体功能的理念，明确生态发展区域的主体功能是提供农产品、生态产品，但不排斥其他功能，要根据主体功能定位确定开发的主要内容和主要任务。其三是生态服务的理念，要树立保护生态环境、提供生态产品与生态服务的活动也是发展的理念，将生态服务作为生态发展区域应尽的职责。其四是生态补偿的理念，通过财政转移支付以及生态补偿等方式，保障生态发展区域的基本运转，提高其基本公共服务水平。

　　二是生态发展区域要积极转变发展思路。生态发展区域要围绕发展、保护、民生三大主题，以"生态经济"为核心，以"生态保护"为基础，以"公共服务均等化"为保障，走出一条"以生态保根基、以特色促发展、以发展促和谐"的生态发展之路。

　　三是省级政府要积极进行体制机制创新，建立生态发展的长效机制。通过政策机制设计，解决生态发展区域发展与保护这一基本矛盾，建立生态发展的长效机制。政策设计的重点与

目的在于：（1）通过产业扶持政策，促进生态发展区域发挥生态优势，增强自身发展能力；（2）建立生态保护与生态发展考核办法，促进生态发展区域树立生态服务意识；（3）建立生态保护的政府纵向激励机制与区域间横向合作机制，提高生态发展区域生态保护的积极性；（4）建立生态发展区域基本财力保障，实现基本公共服务均等化等目标（到2020年，区域间人均基本公共服务支出差距控制在20%以内）。

四是政策机制设计要坚持四项原则。其一要坚持统筹兼顾的原则，统筹自我发展与政策扶持的关系，兼顾效率与公平。其二要坚持奖补结合的原则，充分发挥激励导向和基本保障作用。其三要坚持分类指导的原则，综合各地生态保护成本、发展机会成本以及自身条件因素，制定不同考核、鼓励以及补偿机制。其四要坚持逐步推进的原则，兼顾省级财力以及地方需求的关系，量入为出，循序渐进。

（二）探索推进生态资源价值化，完善生态补偿机制

一是推进森林资源价值化与生态补偿。建立反映市场供求和资源稀缺程度、体现森林生态价值和代际补偿的资源有偿使用制度和公平、公正、有理有据的生态补偿制度；探索创新补偿方式，构建政府与市场化相结合的补偿体系。根据生态系统服务价值、生态保护成本、发展机会成本，运用政府和市场手段，调整生态环境保护和建设相关各方之间利益关系的环境经济政策，保证生态区群众的发展权与非生态区群众的发展权的平等。

二是推进水资源价值化与生态补偿。加快建立反映市场供

求和资源稀缺程度、体现生态价值和代际补偿的资源有偿使用制度和生态补偿制度，积极开展节能量、碳排放量、排污权、水权交易试点。建立水权交易制度。

三是探索多要素、按质补贴的专项生态补偿新机制。针对补偿要素单一的问题，探索建立生态公益林、基本农田、水资源、农产品等多种生态要素为主体的多要素专项生态补偿办法；针对"补偿标准一刀切"问题，探索建立按质补贴的生态补偿新机制。探索建立基本农田生态补偿机制。调整完善生态公益林补偿机制。建立健全农业补贴制度。

（三）建立生态产业扶持政策，促进生态发展区域发挥生态优势，增强自身发展能力

一是加大农业结构调整力度，发展高效特色生态农业。其一，要加强产业引导。如休闲观光农业、节约型农业、循环农业等。其二，要加大政策扶持力度。如农村金融改革、贴息、税收减免等刺激手段。其三，重点推动新型农业组织模式的建立，完善对农业产业化龙头企业扶持政策，并推进现代生态农业示范项目建设。

二是积极发展生态旅游业和休闲产业。充分发挥各生态区优势，推动旅游业转型升级；加大政策扶持力度。包括资金投入、建立生态旅游发展专项基金、保护资源、制定相关的考核制度、奖罚分明。

三是全方位发展生态型工业。其一，要加强产业引导。重点包括：积极推进传统优势产业的转型升级，建立以产业转移为核心的绿色工业体系，创造条件发展技术密集型产业和战略

性新兴产业，加快建设先进制造业基地的步伐。严禁发展国家和省、市明确规定的限制和淘汰类项目，以及其他技术落后、资源消耗高、污染比较严重、供过于求、技术档次低的产业。其二，制定合理的财政、金融、税收和价格政策，形成有利于生态型工业发展的激励和约束机制。

（四）建立生态考核机制，促进生态发展区树立生态服务意识

一是要建立生态发展绩效考核办法；二是要建立生态环境质量监测考核办法。

（五）建立生态激励机制，提高生态发展区域生态保护的积极性

一是逐步完善生态保护补偿办法。（1）逐年扩大生态保护补偿的范围，逐步惠及全省48个生态发展县；（2）建立生态环境质量监测考核办法；（3）引入奖罚机制。

二是继续探索生态激励型财政转移支付办法。（1）基础增长转移支付；（2）生态激励转移支付；（3）上划省"四税"实行返还奖励。

三是探索多要素、按质补贴的专项生态补偿新机制。（1）探索建立基本农田生态补偿机制；（2）调整完善生态公益林补偿机制，提高标准、按质补偿；（3）建立健全农业补贴制度：农业发展基金、农村发展基金、农业生产激励机制。

（六）建立生态发展区域基本财力保障，促进实现基本公共服务均等化

一是要合理确定公共服务均等化的目标与设施配备标准；

二是要建立基本公共服务均等化财力供求的总体平衡机制；三是要建立基本公共服务均等化的保障机制。

（作者系暨南大学教授、博士生导师。主要从事资源环境经济的理论与应用研究及教学工作。注重开展国际视角的研究，吸收借鉴日本、加拿大、美国等发达国家的经验与教训，与国外的多所大学、研究所联合开展研究。）

产业视角下的生态文明建设

李曲柳

城市是现代文明的标志，是经济和社会发展的重要载体。随着人口、资源、环境与城市化发展的矛盾日益突出，城市发展过程中不断出现不同程度的环境污染、交通拥挤、住房不足等"城市病"；当城市建设对人类生存环境产生影响，给人类的健康和生存带来了极大威胁时，人类不得不对城市的发展进行深刻的反思，并寻求一种新的文明来指导城市建设。

在现代社会，生态文明已逐步成为改变人与自然关系的主导力量。党的十八大报告将"生态文明建设"战略列入"五位一体"的总布局；党的十八届五中全会也将"绿色"列为"五大发展理念"之一，强调树立"绿水青山就是金山银山"意识；党的十九大报告更是树立起生态文明建设的里程碑，报告43处谈及"生态"，15处谈及"绿色"，12处谈及"生态文明"，8处谈及"美丽"。由此可见，在生态文明理论指导下，建设生态城市是未来城市发展的理性选择。

"十三五"以来，全国各地推进新型城镇化建设。新型城镇化作为生态文明建设的重要载体和抓手，已经进入破解深层矛盾的关键期。它的增长方式迫切需要从外延式向内涵式过渡，从速度型向效益型过渡，从粗放型向质量型过渡，从资源驱动向创新驱动、战略驱动转变。在这种背景下，新型城镇化尤其是中小城市的新型城镇化迫切需要与生态文明融合发展，加快产业转型升级，打通消费两端的价值，从而积极构建起经济、社会、文化等生态化发展格局，更好推进新型城镇化的可持续发展能力。

广州励丰文化科技股份有限公司创立于1997年，创立至今一直坚持商业模式和产品创新，见证着中国改革开放的历史，目前已经成为国内文化创意产业领域的龙头企业。从北京奥运会，到上海世博会，到遍布全国的文化旅游项目，励丰文化聚焦文化创意产业，依托最先进数字多媒体集成控制技术，通过科技与文化相融合的理念，在公共文化设施、数字文化体验、文化旅游展演三大领域为客户提供创新性全流程解决方案。下面以励丰文化的城市改造项目——成都市"水韵天府"都市文化旅游休闲街区以及广州市"锦绣科城"为例，与大家分享发展都市文化旅游生态产业集群的经验。

随着城市的迅速发展，成都已迈入从区域中心城市上升为国家中心城市的关键时期。成都市提出"东进、南拓、西控、北改、中优"的战略部署。"水韵天府"是成都市武侯区按照"中优"战略部署，贯彻落实发展"创新创造、时尚优雅、乐观包容、友善公益"的天府文化相关要求，为重现"绿满蓉城、花重锦官、水润天府"的盛景，携手成都市文旅集团、利亚德集团励丰文化策划实施，采取"政府引导+市场投建+专业运营"方式打造的高端休闲旅游项目。

鉴于"逆都市化"发展趋势及项目区位分析，励丰文化将"水韵天府"项目定义为成都人逃离都市的"第三地"，并提出为成都打造一个都市文化产业创新生态聚落，再造一个城市文化旅游消费体验社区。整个项目主要通过三区——街区（强调商业消费）、园区（强调产业集聚）、社区（强调生态融合联动）——联动的模式，来实现"融智、融资、融合，创意、创新、创业"，再造一个文化旅游消费体验的聚落。项目通过"蜀水文化"与"生态文化"的文化主题，结合"创新展演"的业态布局和"林盘演绎"的空间策略，将建筑、景观与业态相融合，创意性地提出了情景式消费的活态展览体验新模式。同时，还提出了建筑在地生长的理念：原来的旧厂房的钢构架作为建筑的外表皮，同时让景观进入建筑内部随着时间慢慢生长，并模糊建筑与室内，展览与景观的边界。

项目一期是为市民提供一个有文化、高品质的公共休闲空间，为环城生态圈的旧城改造和产业创新提供样板示范。同时力争通过运营收益覆盖一期管养成本，形成"造血机制"，为二期投资的融资费用探索回报路径。除此之外，二期建设则确保土地空间运营价值最大化。一期项目毗邻江安河，利用水的形态生成了微地形，统一原本碎片化的场地，并提出"公园+"概念，与政治、经济、文化、生态、社会融合，构建起生态文化体验馆、主题空间秀、丝路人工湿地、文创社区等十余个特色景点，从川西林盘的形态演绎了当代成都人的休闲文化生活，重塑别样的意境。

项目二期还用创意性的解决思路对文化、科技、旅游产业进行全面激活。并以数字体验为核心，重点打造AR（现实增强技术）、VR（虚拟现实技术）体验馆等文创载体，着力培育城市文化旅游消费体验空间。通过打造天府龙门阵、蓉城健康营、蜀国美食秀、锦官幸福园四大业态组团，更好贴合消费者的体验方式。让消费者在游玩动线之中，如同体验一出出令人拍案叫绝的情景式"折子戏"，进而更好体验成都文化。

励丰文化与广州市合作开发的"科城锦绣"文化旅游项目是另外一个城市生态改造的成功案例。近年来广州市高度重视文化产业的发展，明确提出要对标国际先进城市，健全现代文化产业体系和市场体系，推动文化产业持续健康发展，满足人民日益增长的美好生活需要。在此背景下，励丰公司承接了广州市新羊城八景之一"科城锦绣"核心景区升级改造项目，为广州黄埔区、广州市开发区打造首个"文化+科技"融合发展战略展示项目。

广州科学城，是具有时代标志性意义的产、学、住、商一体化的多功能、现代化新型园区。其中的绿轴广场，占地3.7公顷，是一处水景休闲公园，广场毗邻综合科研孵化中心、Intel大厦、总部经济区和体育公园，周边形成了集办公、科研、金融、商贸、博览、文化、娱乐、休闲等多项功能为一体的科学城中心区。励丰文化承建了广州科学城的灯光音响系统项目，在策划设计的过程中，考虑到项目处于户外，需要面临各种天气环境，因此在产品选用的考量中着重考虑了其防水性能，设备防水级达到IP67级别，能够适应各种环境。该项目将对科学广场、绿轴广场、商业中心进行主题重塑及业态重构，以水为纸，以光为笔，以声为墨，光、影、声的交相辉映，科技与文化完美融合，让整个科学城华灯璀璨，宛如玉带银河，流光溢彩，点亮了黄埔的夜空，成就动人心魄的"月亮经济"。项目通过"文化+科技"融合手段展现黄埔的新气象、新理念、新发展，赋予空间新的内涵和内核，把"科城锦绣"核心景区整体打造成为全球一流的科技生活综合体，成为科学城的城市景观中轴线和新黄埔的城市客厅、文化地标。

近年由励丰文化倡议发起的"广州市文旅产业发展基金"正提交相关部门批复，将引入社会资本，促进更多的文旅项目落户广州。在企业内部，占地50亩的励丰文化产业园是国家级文化产业基地，拟设立"励丰文旅基金"投入30亿元，致力于为文化旅游开发项目对接优势资本，搭建国际化视野的实践参考系，探索文化旅游开发模式的更优解决方案，并培育行业所需的创意、营销人才。

在新型城镇化建设进程中，只有以项目孵化为抓手，以产业为支点，以文化内涵为要素，以创新科技为手段，跨界合作、分工协同，将概念落成项目，将项目发展为产业集群，才能重构起区域的商业生态圈和产业价值链，实现新型城镇化的生态文明建设和可持续发展。

环境数据开放，政府应该怎么做？

郑磊　刘新萍

环境问题一直是百姓关心的热点问题。2018年全国"两会"期间，中国过去数年来在环境保护、污染治理方面取得的成绩引发媒体普遍关注。在新一轮国务院机构改革中成立了生态环境部，彰显了政府促进生态环境保护、建立美丽中国、满足人民美好生活愿望的决心。在未来生态环境治理中，充分利用社会力量实现多元治理，成为解决生态环境问题的关键。

当前，数据已经成为推动政府变革与治理转型的新兴动力。在生态环境领域，政府在行使行政权力，执行环保政策的过程中掌握了大量关键数据，这些数据的开放对扩大公民对生态环境相关议题的知晓程度，提高公众参与水平，推动公众对生态环境治理的监督具有重要意义。

2015年8月国务院印发的《促进大数据发展行动纲要》明确提出要优先推动包括环境数据在内的民生保障服务相关领域的政府数据集向社会开放。然而，复旦大学数字与移动治理实验室出品的《2017中国地方政府开放数据指数报告》显示，尽管多数地方政府在其数据开放平台上设立了资源环境主题，但总体上来看，已开放的环境数据资源比较有限。

为什么要推进环境数据开放？

在传统的环境治理实践中，由于环境治理的外部性特征，环境治理越来越跨越了传统行政区划的限制，构建了京津冀、长三角、泛珠三角等区域性的环境治理协作平台，这些平台对区域环境治理的顶层设计具有重要意义。然而，区域环境治理过分强调环境治理的宏观性、整体性特征，却忽视了环境污染的微观性、局部性特征。从城市内部环境污染数据的分析可以发现，在污染程度、污染物构成、污染源等方面，环境污染均呈现出时间与空间差异性，急需建立数据驱动的、精细化、科学化的环境治理决策机制，更好地预测环境污染演变趋势，提升政府环境治理水平，形成对区域环境治理的有效补充。

环境数据开放还将有利于提升以政府为核心、多元社会主体跨界合作的协同治理能力，提升民间对环境事务的参与水平。利用已开放的政府环境数据，可支撑社会各界多角度参与环保事业，培育环境治理的良性生态圈，推动环境污染防治与环境质量改善，推动政府的工作重点从环境污染治理向环境质量的全面提升。

解决当前环境污染问题，应打破环境数据壁垒，基于环境数据推动环境治理工作的进程，促进政府环境治理工作中跨地域、跨部门、跨界的多元治理格局的形成。环境治理应当用数据说话，用数据决策。在环境政策的制定中，应基于环境数据的分析，制定科学化、精准化的环境治理策略，实现环境污染从粗放型治理到精细化治理的转型，促进环境质量的全面改善与提升。

环境数据开放应以环境保护、环境质量提升，甚至整个社会经济的发展作为终极目标，将环境数据整合于宏观战略决策制定中，实现环境保护、社会治理与经济发展相互融合的高质量发展，建设天蓝、地绿、水清的美丽中国，更好满足人民美好生活的愿望与需求。

开放到了什么程度？

为全面了解当前中国地方政府开放数据平台上的环境数据开放的整体情况，笔者选取了北京、上海、浙江、青岛、贵阳、武汉、佛山市南海区等地，对其开放数据平台上的环境数据进行了分析。从总体上来看，各地均已开始了环境数据开放的探索，并已经开放了一定数量的环境数据资源，但在数据总量、数据内容、数据可用性、数据再利用等方面仍存在不少问题。

总体上看，目前环境数据开放的开放数据量少，且多与资源（或能源）数据混为一谈，将资源类数据剔除后发现，各地已经开放的环境数据均只有十几条到几十条，这与庞大的生态环境数据总量形成明显反差，环境数据开放工作任重道远。在主题分类上，当前环境数据多与资源或能源数据混为一谈，限制了数据利用主体对环境数据的搜索与利用。

从已开放数据集的关键词内容的频次分析来看，当前已经开放的数据多为环境信息公开中已经公开的信息，内容涉及机构信息、行政审批信息、行政处罚信息、空气质量信息、污染源信息、环境监测信息等内容。但是，环境数据开放与环境信息公开并不等同。开放数据是指可以由任何人自由、免费访问、获取、使用和分享政府数据，侧重于数据利用，提高对数据的增值利用水平；而信息公开的目标则在于满足公众的知情权。

当前已开放的环境数据则存在数据质量参差不齐、数据分类模糊、缺乏统一的元数据规范、数据更新频率低、格式混杂等问题。由于缺乏对环境数据的统一分类标准，限制了环境数据利用者搜索、下载、分析与应用数据的能力，也制约了基于已开放环境数据进行跨地域综合环境应用开发的可能性。有相当数量的还是静态数据，更新速度慢，导致数据的可用性差。因此，虽然在数据开放平台上的环境数据均有相当数量的访问量，但下载量较低。

从整体上来看，我国的政府数据开放工作尚处于起步阶段，尚未形成有效的管理手段与推进机制，当前数据开放缺乏法律保障与统一的国家标准，对主题分类、元数据规范、数据格式、更新频率等未做明确规定，这也制约了环境数据开放的进程。同时，各环境数据相关部门担忧数据开放可能涉及国家安全、商业秘密和个人隐私，在环境数据开放后可能会因为数据误读而带来消极影响，因此在数据开放过程中缩手缩脚，采取保守的环境数据开放策略。

如何推进政府环境数据开放？

基于环境数据开放面临的上述现状、问题，未来环境数据开放的推动除依赖于宏观层面开放数据相关法规政策、标准规范及管理制度的完善之外，各级政府也应从环境数据开放总量、数据集分类、数据质量、数据再利用等方面进一步推进环境数据开放的进程。

从观念意识的转变与政府内部能力的提升上来说，地方环境数据相关部门应改变传统的思维观念，不再将数据作为部门私有财产封存起来，而是提高环境数据开放的意识，开放更多高价值的环境数据，供社会增值利用。同时，政府环境部门应提升内部数据分析能力，甄别潜在的数据开放风险，使环境数据在风险可控的原则下尽可能开放。

在数据分类中，应将生态环境类与自然资源类数据加以区分。国务院机构改革已将生态环境部与自然资源部两个部门分列，进一步理顺了国家层面在自然与生态环境方面的部门间关系。在地方政府数据开放平台上，对相应数据资源进行区分不仅有利于推进地方政府这两类数据的开放水平，也有利于数据利用者更好地甄别生态环境数据，提高数据利用水平。

在数据质量方面，地方政府环境数据相关部门应在国家环保部门的指导下，加强对本部门的环境数据资源的梳理、清洗与加工，确定各环境数据资源的开放属性；根据国家或地方政府数据开放统筹部门的统一部署，在元数据规范、数据更新、数据格式等方面提升已经开放的环境数据质量。

在数据再利用方面，地方环境部门应加大力度培育环境数据利用的生态圈。当前，民间环境数据开放团体在数据开放中起到了功不可没的作用，例如上海的青悦开放环境数据中心将政府发布的公开数据进行整理，以开放数据格式进行数据开放，已经整理了包括空气（含历史空气质量、空气质量预报、历史天气实况、历史天气预报）、水质（地表水、饮用水）、污染源（实时排放历史信息、超标排放历史信息）、危险品相关（全国垃圾焚烧场数据、全国危险废物处理场）等数据，目的在于推动环境信息公开与环境数据开放，帮助广大公众获得环境质量知情权和监督权，提升政府环境部门的治理水平。

对于此类民间团体，政府应加大力度进行扶持，除给予必要的资金支持与技术支撑外，应有目的地向其开放更多的数据，探索环境数据开放的全新模式。

（郑磊，复旦大学国际关系与公共事务学院教授、数字与移动治理实验室主任。刘新萍，上海理工大学管理学院讲师。）

生态文明建设是一个系统工程

何蕴琪

生态环境保护与工业现代化之间的矛盾，一直凸显在这些年中国的建设当中。大气污染、水环境污染、土地荒漠化和沙灾、水土流失等，更大的建设是否一定意味着更大的破坏？近年来生态文明问题，不仅出现在学者的研究、民间组织的呼吁，以及普通人的感受和表达中，而且已成为国家大政和顶层设计的一个重要部分。

2017年12月，《南风窗》记者专访了中国人民大学环境学院教授、博士生导师张象枢。88岁高龄的张老师鹤发童颜，思维敏捷。他曾是国家环保局国家级生态示范区专家组成员，国际科联环境委员会中国委员会委员。

在访谈中，张老师谈及中国开展生态文明建设的两个重要考虑：国际环境和中国国情。在国际上，中美在环境问题上存在竞争与合作的复杂关系；而在国内，农业文明向工业文明的转化任务与生态环境保护的滞后，带来双重要求——中国既需要解决上一阶段发展所遗留的环境问题，又必须保护自己发展的权利。

生态文明建设是一个牵涉面极广的系统工程，涉及经济、政治、社会、文化、教育等方方面面。具体的推进中，如何建立生态经济学模型，在核算上做到算一本"完全的账"，进而制定政策，是生态文明建设的基础和难点。

与美国的竞争合作，以及补好自己的课

《南风窗》：党的十九大报告指出，要加快生态文明体制改革，建设美丽中国。对于执政者在生态文明建设方面的政策和相关考虑，应该如何认识？

张象枢：中国的发展是以人民为中心的发展，而对提高生态环境质量的需求是人民最大的需求。因此，十九大提出"加快生态文明体制改革，建设美丽中国"，从根本上说，就是为了满足人民群众的这一根本需求。

你说的与此相关的考虑，我想，一个是要考虑国际环境，一个是考虑中国国情。

《南风窗》：应该怎样理解这两个方面的因素？

张象枢：十九大报告对国内外形势的判断是："当前，国内外形势正在发生深刻复杂变化，我国发展仍处于重要战略机遇期，前景十分光明，挑战也十分严峻。"

从国内来说，从现在到2020年是全面建成小康社会决胜期。

从世界环境来说,资本主义发展到了最高阶段,其矛盾已经充分暴露。比如说金融危机所反映的问题。国际格局以西方为主导、国际关系以西方价值观为主要取向的"西方中心论"已难以为继,西方的治理理念、体系和模式越来越难以适应新的国际格局和时代潮流,各种弊端积重难返,甚至连西方大国自身都治理失灵,问题成堆。

国际社会迫切呼唤新的全球治理理念,构建新的更加公正合理的国际体系和秩序,开辟人类更加美好的发展前景。在这样的背景下,习近平总书记在十九大报告中指出:我们呼吁各国人民同心协力,构建人类命运共同体,建设持久和平、普遍安全、共同繁荣、开放包容、清洁美丽的世界。

中国等新兴经济体,经济实力到了相当程度。下一步世界会往哪个方向走?这是一个问题。特朗普政府希望美国继续统治全世界,但显然已经有些力不从心。我们对这个问题的认识是,未来三年是关键时期。这三年,是美国与中国角力的关键时期和转折点。这个阶段斗争会比较激烈。冷战结束以后,美国确实认为它的主要对手是中国,但是,地缘政治决定了它需要对付俄罗斯,而它的利益主要还是在欧洲、西亚和北非。

《南风窗》:那么我们的国情呢?

张象枢:从国情来说,我国是在尚未彻底完成农业文明向工业文明更替的情况下开始生态文明建设的,因此,一方面要补好工业文明的课,也就是说要实现现代化;另一方面,因为我们要建设的现代化是人与自然和谐共生的现代化,既要创造更多的物质财富和精神财富以满足人民日益增长的美好生活需要，也要提供更多优质生态产品以满足人民日益增长的优美环境的需要。

举个例子，我去海南推广竹子的时候有个观察，在海南岛中部，那里非常适合竹子生长。竹子生产出来以后制成各种竹器，还有竹笋，各种加工。但是你要进行大规模生产的话，就会发现，农民不遵守时间，不按规律办事，农民的劳动纪律还没有和大规模生产相匹配。这个例子说明，我们的的确确需要补现代化大生产的课。

《南风窗》：您是在怎样的背景下，去参与这个竹子种植的推广的呢？能以此为例，谈谈什么是"生态产品"吗？

张象枢：浙江省竹产业专家王安国教授和国际竹藤协会总干事竺肇华教授曾到海南实地考察，发现种竹子是最能有效改善当地生态环境的生态产品。我也到海南省黎族自治县白沙县推广种竹致富成功经验。

我们用几辆卡车，将苗木运到吴先生的竹产业农场。为了不误农时，需要迅速搬运到现场，抓紧时间把竹苗种下去。但是农民们还按照老习惯，坐在田边抽烟、聊天。我们下了很大功夫，才逐步把这些少数民族农民兄弟培养成为符合现代化大生产要求的、组织起来的新农民。现在经过几年的努力，吴先生的现代化竹产业农场已经初具规模。

要打破连片贫困与生态恶化的怪圈

《南风窗》：您谈到两个环境，一个是国家环境，一个是中国国情，那么这两方面因素如何影响到我们的生态文明建设？

张象枢：中欧的瑞士，北欧的瑞典、挪威，在生态文明发展的程度上都很高。我们和它们有差距，但是发展到最后，全球生态环境问题的全面解决，还得靠人口众多、地域辽阔的中国、印度、俄罗斯、美国、加拿大、墨西哥、巴西、澳大利亚等大国共同努力。

我们目前主要是要解决前一个阶段发展遗留下来的问题，但与此同时，又要保证有发展的权利。我国和欧盟等，2015年促成了《巴黎协定》，特朗普退出了。但美国的一些技术，包括生态保护、环境建设方面的技术是卖到中国来的，为的是解决它对中国的贸易逆差问题。下一步，我们还要从美国引进技术，所以这是一个复杂的关系。

《南风窗》：是否可以这么理解，就是说在目前中美角力的关键时期，环境方面的问题是中国的一个突破口。中国需要从自身发展出发，去解决上一阶段留下的环境问题，其中也包括引进美国的技术，但中国又要在建设生态文明的同时，保证自己有发展的权利，因为农业文明和工业文明的转化还没有完成。因此，中美在环境问题上是一个复杂的关系。

张象枢：是的。我们要破解它。除了中美在生态环境问题中的复杂关系之外，还要注意中国、日本和俄罗斯彼此之间，在西太平洋，包括东北亚和东南亚在内的生态环境问题中的彼此关系。

《南风窗》：您这些年也做扶贫工作，可以谈谈生态文明和扶贫的关系吗？

张象枢：生态文明建设与引导贫困人口，尤其是所有连片的贫困地区，这两者之间有着内在的紧密关系。连片贫困地区之所以贫困，最根本的原因是生态条件极差。在这些地区，贫困和生态破坏构成了一个恶性循环的怪圈：越是贫困，越是被迫用掠夺的方式耕作，造成更严重的生态问题；生态环境更差后，贫困人口更穷。

十九大报告指出："坚决打赢脱贫攻坚战。……深入实施东西部扶贫协作，重点攻克深度贫困地区脱贫任务，确保到2020年我国现行标准下农村贫困人口实现脱贫，贫困县全部摘帽，解决区域性整体贫困，做到脱真贫、真脱贫。"这里着重强调的"区域性整体贫困"，只能在生态文明建设中得以根本解决。

生态经济的最大难点

《南风窗》：可以谈谈您做的研究吗？

张象枢：我的专业分几个层次。包括马克思主义经济学、哲学，还有就是生态经济学。生态经济是生态文明建设的基础。马克思说，劳动是人与自然之间的物质变换。这里"劳动"的德文原文是"metabolie"。"metabolie"是新陈代谢的意思，所以"物质变换"实际上应是"物质代谢"。我在抗洪的时候，就体会到了人的劳动对自然造成物质变换的全部后果了——不仅是砍伐大量木材，而且使森林失去了其涵养水源、防止水土流失等重要功能。所以，砍伐森林的代价是一笔完全的账。

《南风窗》：您提到，生态经济是生态文明建设的基础。普通读者可能会对生态经济学这个学科相对陌生，可以给我们普及一下生态经济学研究的目标、对象和方法吗？

张象枢：生态文明包括生态环境、生态经济、生态社会、生态文化和生态政治等多方面的内容。生态经济是生态文明的一个重要组成部分，是生态文明的经济基础。

生态经济学是专门研究生态经济的一门学科。从系统科学视角来看待生态经济学研究对象的学者则认为："生态经济学是研究生态、经济和社会复合运动规律的科学，有别于传统的经济学和生态学，也不是两者简单复合。"

当今世界最著名的生态经济学家，是美国的赫尔曼·E.戴利。1990年，他提出可持续发展的三个可操作性原则，认为只要一个国家能够遵循这三个原则，那么就会实现可持续发展，即：所有可再生资源的开采利用水平应该小于种群生长率，即利用水平不应超过再生能力；污染物排放水平应当低于自然界的净化能力；将不可再生资源开发利用获得的收益，区分为收入和资本保留，作为资本保留的部分用来投资于可再生的替代性资源，以便不可再生资源耗尽时，有足够的资源替代使用，从而维持人类的持久生存。

《南风窗》：生态经济学应用在中国环境中，目前的重点和难点是什么？

张象枢：我们正在建立一个模型。生态经济学一个最大的难点，是货币难以计算生态环境的变化。我们国家目前的核算部门是使用SEEA，也就是联合国提出的"环境与经济综合核算体系"。我的德国朋友卡斯通·斯塔莫，他是"环境与经济综合核算体系"三位创始人之一。他们制定的核算体系中设有两类账户，一类叫行星账户，另一类叫卫星账户。录入前者的是业界公认应该且可以折算为货币单位（Monetaryunit）的，纳入核算体系之中。后者则是业界公认从理论和实践上尚不具备折算成货币单位，仍须采用实物单位（Physicalunit）的，例如，用焦耳、吨等来计量。

生态文明建设是一个系统工程

《南风窗》：可以具体谈谈怎样应用吗？

张象枢：我们完成了一个《生态产品全生命周期价值链增值与减值》的报告。生态文明建设要从理论、方法、政策、实践层面去完成。这个研究是针对生态产品在整个生命周期里面的增加和减少的价值，从生产到加工、运输，到交易、消费等，包括矿产、加工、服务三个产业。也就是说，每个产品、每一步都是可以追溯的。

《南风窗》：这个模型涵盖的范围非常大。

张象枢：是的，很全面。如果计算下来，最终这个产品的价值是大于零，那么它就是增值了，如果小于零，就是减值。目前政府已经开始了对水和大气资源的核算。接下来要做的就是制定政策。

《南风窗》：看来，生态文明建设真是一个系统工程。

张象枢：是的，涉及方方面面。比如说我们建设产业园区，生活与工业分开。其实这是降低了要求，来追求发展。发展的速度是更快了，但是另一方面造成污染。又比如刚才说的扶贫，贫困是发展不平衡不充分造成的。中国很大，东中西部有不同的发展阶段，环境与发展，经济与道德，这些怎样平衡，如何才是有质量的发展，需要研究的问题很多。

第三章

让人们记住乡愁

高密度、高效率、高品质、高情感

——建设生态宜居的美丽广州

赵红红

改革开放40年的快速发展，令中国成为世界第二大经济体，城市化率超过50%。在取得举世瞩目的经济成果的同时，我们面临能源短缺、环境污染、生态破坏、乡村荒芜、传统文化缺失等一系列问题。发达国家在过去100多年里出现的各种环境问题，在我国集中爆发，城市建设也出现各种弊端。例如：空间无序蔓延、空气质量恶化、城市供水短缺、能源利用率低、交通拥堵和基础设施落后等。

党的十九大报告提出"把人民对美好生活的向往作为奋斗目标"。

在未来中国社会经济实现"两步走"的发展目标中，城市建设如何满足人民群众对人居环境高水平、高质量、高标准的需求，我们要规划建设一个什么样的城市是必须认真思考的问题。

一、创新驱动、生态文明是中国城市转型发展的战略方向

1. 创新驱动

从20世纪80年代开始,世界经济进入创意经济时代。

21世纪不再是工业经济时代的规模决定一切,也不再是信息革命时代的技术万能,而是创意经济的时代。人的创造力、想象力、创意成了核心。而创新人才的培养、吸引,良好的创新环境和氛围,生态宜居的城市空间成为世界各大城市的核心竞争力。

2. 生态文明

人类社会经历了原始文明、农业文明和工业文明。21世纪70年代,生态城市的概念首次在联合国教科文组织发起的"人与生物圈"计划中被提出,自此人类社会进入生态文明,生态学(Ecology)已渗透到各个领域。

"生态"意指一切生物的生存状态,以及它们与环境之间的关系。城市作为人工、自然的复合生态系统,"生态"概念强调城市建设结合地形地貌、地质条件、气象条件、水文条件,充分考虑生态环境容量、环境演替和环境质量,致力于人地关系的可持续发展。

城市建设要遵循城市生态位原理、多样性保持稳定原理、食物链(物质流)原理、限制引资原理、承载力原理和共生原理。

二、认识广州的城市底蕴

1. 得天独厚的自然山水禀赋

地处亚热带地区的广州，夏无酷暑、冬无严寒、繁花似锦、四季常绿，从气候条件上就非常适合人类居住。此外，广州山环水抱，城市地形地貌多样。珠江穿城而过，白云山独立城中，云山珠水，山海田城，构成丰富的城市景观，为建设生态宜居的城市提供了良好的自然条件。

2. 国际化的城市定位

2016年2月，国务院对《广州市城市总体规划（2011—2020年）》的批复文件中，对广州的城市定位是广东省省会、国家历史文化名城、国家重要中心城市。

广州上报国务院的《广州市城市总体规划（2017—2035年）》草案中，广州的目标愿景是"美丽宜居花城，活力全球城市"，城市性质为广东省省会、国家重要中心城市、历史文化名城、国际综合交通枢纽、商贸中心、交往中心、科技产业创新中心，逐步建设成为中国特色社会主义引领型全球城市。提出了建设国际一流城市的新目标。这对进一步提升广州的城市地位，对资金、资源、人才和技术等都会有更强的吸引力。

3. 千年商都的城市经济

广州自古为海上丝绸之路的起点，贸易通商口岸，有千年商都的美誉。改革开放以来，广州经济迅速发展，2016年的地区生产总值（GDP）为19611亿元。

广州被全球最权威的世界城市研究机构之一GaWC评为世界一线城市；五次被福布斯评为中国大陆最佳商业城市第一位。广州总部经济发展能力居中国前三，在广州投资的外资企业达2.7万家；世界500强企业288家，其中120家把总部或地区总部设在广州。

广州互联网企业超过3000家，诞生了微信、唯品会、YY语音、酷狗音乐、网易、UC浏览器等。广州第三产业占GDP比重达到68.56%。

强大的经济实力，为广州的城市建设向高端发展提供了有力的支撑。

4. 开放兼容的社会氛围

多年以来，广东人形成"敢为人先、务实进取、开放兼容、敬业奉献"的精神。新时期的广东精神是"厚于德、诚于信、敏于行"。

改革开放以来，人口流动加快，更多的人到广州就业谋生，大家普遍认为广州是一个宜居的城市。城市基础设施、城市空间环境、公共服务管理等都达到国内一线城市的较高水平。日常生活中饮食文化丰富，生活成本较低，人际关系和谐，形成良好的社会氛围。

三、广州建设生态宜居城市需要把握四个特点

中国虽然国土面积辽阔，但适宜居住的地区并不多，主要分布在中部和东部沿海地区。加上中国是一个人口大国，城镇

数量少，建成区都不大，因此中国的城镇的建筑密度和人口密度都比较高。统计数据显示，中国人口密度超过1000人/平方公里的城市共有19个，这19个城市中，共有16个来自东部沿海，主要是珠三角、长三角和京津地区。在未来城市建设中，高密度、高效率、高品质和高情感是需要特别关注的四大特点。

1. 高密度

珠三角是我国人口最为密集的地区。在全国人口密度排名前十的城市中，广东就占据了6个，其中，排名第一的是深圳，每平方公里高达5963人，是全国平均水平的41倍左右。

广州的老四区（含东山、海珠、荔湾、越秀四个区，东山区已于2005年并入越秀区）面积仅54平方公里，居住人口却达194万，平均人口密度每平方公里达36000多人。而广州新区的人口密度和建筑密度也在进一步上升。例如：

珠江新城：毛容积率2.3，核心区容积率4.5，居住人口密度27778人/平方公里，总人口密度74074人/平方公里。国际金融城：起步区毛容积率3.8，净容积率8.2，总人口密度14.7万人/平方公里。

广州正在积极参与粤港澳大湾区建设，从世界三大湾区人口密度比较，除了旧金山湾区，其他湾区都超过每平方公里1000人的密度。

2. 高效率

面对高密度人口和建筑的城市特点，广州的城市基础设施和公共服务必须要实现高效率的运作。

交通拥堵是大城市普遍面对的难题。国外发达城市的经验证明，发展大运量的公共轨道交通，当轨道交通密度达到平均500米间距，公共交通在城市交通中的分担率达到80%以上，城市交通问题可以有效地缓解。日本东京和中国香港都是通过轨道交通达到86%以上的分担率。

我们欣喜地看到，广州提出打造枢纽城市和公交都市的交通发展愿景。

大运量公共交通的发展带来城市土地开发模式的改变。

TOD（Transit-Oriented-Development）是"以公共交通为导向"的开发模式，也即"通过交通引导土地利用和城市发展"，这个概念最早由美国建筑设计师哈里森·弗雷克提出，是为了解决二战后美国城市的无限制蔓延而采取的一种以公共交通为中枢、综合发展的步行化城区。作为一种从全局规划的土地利用模式，为城市建设提供了一种交通建设与土地利用有机结合的新型发展模式，也是在当前国内外交通规划、建设中得到快速发展并广泛应用的建设模式。目前中国香港、哥本哈根、日本、新加坡、美国等地的城市轨道交通建设中广泛采用。

TOD的理论与方法是根据步行的时间和距离，确定开发空间半径的范围。公共交通主要是地铁、轻轨等轨道交通及巴士干线，然后以公交站点为中心、以400～800m（5~10分钟步行路程）为半径，建立集工作、商业、文化、教育、居住等为一体的城区。是以实现各个城市组团紧凑型开发的有机协调模式。

目前广州正在按照这个理论进行规划设计，可以更有效地提高土地的使用效率。

此外，大数据分析、智慧城市管理等也是提高城市运营效率的手段，应当引起规划设计部门和政府决策部门的高度重视。

3. 高品质

党的十九大指出，中国经济已由高速增长阶段转向高质量发展阶段，产能不足已不是中国经济发展最突出的问题，最突出的问题是发展的质量还不够高，不能满足广大人民群众对美好生活的向往。

经过40年的改革开放，随着增量规划的减少，新建设项目土地以存量规划为主。所谓存量规划就是进行城市更新，通过对"三旧"用地的改造来改变广州市的城市面貌和提升环境质量。城市"三旧"用地比新增用地涉及的问题更多，开发更为复杂，这就要求高水平的规划设计、高质量的材料选择、高品质的施工组织和精细化的过程管理。

广州的城市建设已经进入品质化、精细化阶段。

4. 高情感

随着经济的快速增长、财富的积累，城市面貌不断改变，家庭物质生活条件不断提高。但是社会交往上也出现了一些不和谐的因素。在生态宜居的城市建设中，重塑"绿色"社会关系、倡导社会和谐是非常重要的环节。一个高品质城市需要关注人与人之间的"高情感"。

"绿色"作为城市转型发展的一个方向，强调通过引导居民日常生活方式来逐步调整城市的生产结构和消费结构，倡导健康、适度的消费习惯和生活理念。例如：减少驾车、提倡慢行、健康餐饮……都是为了建设一个和平、健康、平衡、安全、自然、和谐的社会。

　　另外，通过重塑城市公共空间、交流空间等倡导社会共融和谐，加强人与人之间的交流。

　　未来的广州，应该提倡更深入的人文关怀，鼓励积极的公众参与，保护非物质文化遗产和突出本土化城市特色。摆脱高能耗、高污染、高消费的社会经济运行模式，倡导健康、节约、适度消费的生活方式和消费模式，最终实现经济发展以低碳为方向，市民生活以低碳为理念，政府管理以低碳为蓝图的复合发展目标。

　　（作者系华南理工大学城市规划与环境设计研究所所长，华南理工大学广州学院建筑学院院长。享受国务院政府特殊津贴专家、国家一级注册建筑师、国家注册城市规划师。）

丰富山水地貌类型是广州城市生态底色

胡刚

　　人类社会经历了工业文明后，正逐渐向生态文明阶段演变。党的十八大提出了"五位一体"发展战略，把生态文明建设提到了前所未有的高度。中国社会越来越重视生态文明建设，并取得了一系列重大进展。

　　广州作为国家重要中心城市、国际商贸中心和国际综合交通枢纽，气候宜人，地貌类型多样，有山有水，为建设生态城市提供了良好自然环境条件。

　　在全国上下努力加强生态环境建设之时，广州应该努力走在全国前列，起到进一步引领作用。从城市规划建设角度出发，今后广州要更加重视山水地貌景观的完整保护，城市建设要顺应自然形态，依山傍水搞建设，摒弃开山辟路、打洞、填海、填江、填河做法，克服"人定胜天"错误观念。

　　具体来说，广州要保护好越秀山、白云山、帽峰山，禁止劈山建城市道路、打隧道、建地铁站、建大体量建筑物和构筑物，各类建设要绕开山体，保护好自然风貌。

广州是中国南方大都市，雨量充沛，城内河涌密布，可以说河网密布是广州城市的底色，是广州最显著的自然特征。我们在建设生态文明过程中，一定要特别重视河涌保护和整治，首先要治理河水水质，使之达到一类水质标准。近10年来广州已投入巨资进行珠江治理，效果明显，但还没有达到理想状态。需要再接再厉，使广州水更清，成为一座水上之城，广州就会更漂亮、更宜居。

在历史发展过程中，广州城中有许多河涌被填平，最近几年已有几条河涌揭盖复涌，这种做法非常好，应该继续实施。

另外，广州作为滨海城市，要严格控制填海造地工程，保护海洋生态环境。

江、海、山各类自然地貌类型齐全的一线大城市，在国内找不到第二座。这是大自然赐予广州的生态环境大蛋糕，我们一定要倍加珍惜，使之成为广州持续发展的优势。

（作者系暨南大学管理学院教授。中国城市规划学会会员、中国未来学会理事、广东省省情调查与对策咨询专家。）

古村古道，再助广州更美丽

朱雪梅

  南粤古道是历史上岭南人的生命线和发展路径，南粤古村是岭南人繁衍生息的聚落和根脉，南粤绿道是现代城乡旅游休闲生活的纽带。这三者是岭南人生产生活发展变迁的载体和重要见证，互为依存。它们是海内外中华儿女追根溯源的根基，是民族传统文化的根脉。

  广州，历史悠久，有两千多年的建城史，是我国第一批国家级历史文化名城。广州地处中国南部，是西江、北江、东江三江汇合处，濒临南海，与香港、澳门隔海相望，是海上丝绸之路的起点之一，中国的"南大门"，历史上一直是岭南地区的首府。其独特的地理区位和政商地位，使得广州市域内古村星罗棋布、古道四方纵横，分布在平原、山区和海边，是广州的文化名片。如果能改善古村古道环境，重塑其价值，振兴活用，必将使广州城市内涵更加丰厚灿烂、整体形象更加美好！

一、砥砺前行显成效

党的十八大以来，广州市认真贯彻落实习近平总书记的系列讲话精神和党中央治国理政的"转观念、转思路、转战略"的指导思想，生态文明建设取得了有目共睹的成就。广州市委市政府出台了多项相关的政策法规和规章制度。

在生态环境保护方面，着力构建国家、省、市、镇街四级森林公园渐成体系，加强城乡规划生态底线管控，积极推进国家首批划定"城市开发边界"城市试点工作，完成《广州市城市环境总体规划（2014—2030）》编制，划定生态保护红线。如出台深化环境监督工作的实施意见、生态文明建设规划纲要以及更新环境违法行为各类举报办法等，使广州的大气环境、水环境质量、固废弃物污染、噪音污染等得到较大改善。目前广州的森林覆盖率、生态景观林带、湿地、绿道大幅提升，全市森林公园总数已达83个，成为名副其实的"花城"，绿色低碳发展成效明显。

在历史文化保护方面，出台了《广州市历史文化名城保护条例》《广州市文物保护规定》《广州市历史建筑保护修缮利用规划指引》等指引，同时，在全国率先进行了文化遗产普查等摸清家底的工作，划定26个历史文化街区，提出了微改造的办法策略并加以实施。

2017年12月，《财富》论坛在广州召开，广州的文化、绿化、美化和亮化的效果得到了参会的中外嘉宾和海内外人士的普遍认可和广泛好评。

然而，我们也应看到，在城市面貌越发靓丽的同时，古道和古村保护利用现状却不容乐观。岁月流逝、时代更替、风雨侵蚀和人为的破坏等原因导致大部分古村落和古道的面貌越来越苍老，被边缘化。它们有的屋漏瓦残、墙裂壁断，有的杂草丛生、杂物成堆，有的管线东拉西扯、杂乱无章，还有的地面积水污浊，有碍观瞻，对广州的整体形象有着负面影响。

二、古村古道价值的创新重塑

　　党的十九大提出的"乡村振兴"战略，有利于"推动中华优秀传统文化创新性转化、创新性发展"，"撸起袖子加油干"，有力推动了古村古道价值的创新重塑。广州市目前有中国历史文化名村、中国传统村落、广东省历史文化名村和广东省传统村落等各类称号的古村共计28个，根据文化遗产普查时的粗略统计有100多处。分布在天河、荔湾、海珠、黄埔、番禺、从化、花都、增城和南沙等区，许多位于钱岗古道、影古古道、莲麻古道、夏街迎恩古道、东坑古道、黄埔古港等古驿道沿线，是文化建设的名片。

　　因岁月变迁，古村古道多已碎片化，应结合全省南粤古驿道线路保护与利用契机维护。一是要运用文化线路理论创新性地重塑古道古村价值，与绿道形成有机整体，以改善传统村落的村容村貌为切入点，并纳入城市建设和城市更新的刚性约束中，审慎对待传统村落村容村貌的维护和治理。二是及时做好群众的宣传工作，唤起村民对自己家园治理与保护的意识，传承乡村建设天人合一的生态智慧，提升文化自信。三是广州市委市政府要尽快出台有关治理传统村落村容村貌和保护利用古道的相关法规，使之有法可依、有章可循。在政府的主导下，结合当地群众的意见和村中实际经济条件，充分调动全社会的力量，实事求是、因地制宜地对古道和古村落进行一次全面的梳理和针对性利用，让文化遗产在新时代的广阔大地上活起来。

三、广州绿道建设的内涵提升

绿道是广东省率先在我国建设的网络状绿色开敞空间系统，是改善区域生态环境，促进宜居城乡建设，提高人们生活品质的重要民生工程。2010年从珠三角全面启动，已形成贯通珠三角城市和乡村的多层级绿道网络系统，绿道网正向省内粤东西北地区延伸。广州全市绿道里程达3000多公里，绿道网络得到进一步完善。随着绿道的投入使用、迎接游客的绿道带来了生态、宜居和经济等方面的良好效应，受到市民的广泛欢迎。基于现有绿道，广州更打造提升了24条精品线路，试点开展城市缓跑径建设，进一步拓展绿道功能。

从目前已建成的绿道主要依托江海岸线和山脉丘陵等生态骨架而形成绿色"廊道"，联络了沿线破碎化的生态斑块，构筑成连续的生态系统，并融合了生态、环保、旅游、运动休闲等多种功能。但目前绿道仍存在以下的不足，一是绿道在配套和服务设施等方面还需完善提升；二是绿道的文化性和知识性等科普宣传教育还不足，特别对岭南传统文化、乡土文化的利用还很欠缺，带动乡村振兴的潜力还未发挥出来；三是绿道管理和维护的长效机制尚未健全。

绿道在完善提升和向周边建设延伸时期，结合人文景观区位和文化的特殊性，将绿道沿线周边古道和古村等构成要素通过特定地理场所含义的解读，可动态地传递不同时期文化信息，再现历史上沿线地区与中原之间移民迁徙、商贸往来、文化传播的历史通道。绿道与古道古村整合连接，有利于建立起过去、当下和未来的对话并延续生态文化廊道，使人文景观与地理景观互为依托，相得益彰。

四、古村、古道和绿道的关联构建

古村、古道和绿道的关联构建主要体现在空间分布走向、文化展示利用、功能关联互补、产业拓展提升以及文体活动注入等方面。由此而形成的文化廊道能更好凸显岭南历史和文化特色，有利于广州全域旅游的开展，促进沿线社会经济和产业发展。

1. 空间属性的一致性

充分利用二者空间属性的一致性进行关联构建。绿道的走向、布局应尽可能与古道关联衔接，可采取重叠、补接、并行等形式，达到连贯完善和保护展示利用的目的。空间重叠，是指对现状能满足绿道使用要求的古道，绿道和古道二者可以重叠共用或在古道旁增加辅道；空间补接，是指对已损毁的古道，注意保护好其遗存，并就近修建绿道加以补接；空间并行，是指对保存尚好但不适于作为绿道使用的古道，注意保护好古道的原真性，并就近修建与古道并行的绿道，以方便就近体验古道。

2. 精神需求的共享性

充分利用精神需求的共享性进行文化关联构建。充分挖掘人文地理、社会变迁、名人典故、特色产业、地方民俗等多维度的历史知识和文化价值，引发乡愁，有利于拓展文化建设的深度、广度和持续性，体现文化软实力和特色产业，提升产业发展动力。

为此，以古道为脉络，除关联沿线不同民系村落的宗族、姓氏、农耕、民俗和信仰文化等，还可追寻重要名人足迹、串联典型事件和特色产业等。如千年古港黄埔港曾是一口通商从未间断的口岸，见证了广州"海上丝绸之路"的繁荣，南宋时此地已是"海舶所集之地"，在广东省乃至整个中国的历史中扮演着重要的角色。

钱岗古驿道和流溪河古水道是清代广州府与从化县之间传递公文的一条官道，沿线建村的钱岗古村至今已有800多年历史，素有"未有从化，先有钱岗"之说，族人为宋末三杰之一的陆秀夫后裔。历经宋、元、明、清、民国等多个朝代，保持了古而不拙的特质，可展示宗族文化和农耕文化。

增城夏街村迎恩街保存完整的石板铺地，两边民居、祠堂等建筑技艺精湛。据传在宋朝至清朝末年，皇帝任命的每一位县令乘坐官船到任和春耕播种都有规定的仪式，这里还是名人崔与之的故里，心学家湛甘泉和王阳明都与夏街村有很深的渊源，同时还可展示国家级非物质文化遗产增城榄雕等。

总之，古道名人文化、农耕文化、民俗文化、军事文化和商贸文化等，通过真实场景和史料点滴的串接再现，展示人们迁徙的生命线和流动历史画卷。由此建立与绿道的对话，增加绿道的知识性和趣味性，提升绿道的品质和内涵，找回岭南人最深层的记忆情怀。

3. 功能内容的互补性

结合功能内容的互补性进行关联构建。在自身和动态的历史功能发展演变基础上，完善共享古道古村绿道的公共服务、基础设施和功能配套。古村可以作为绿道与古道停留休憩、饮食购物的基地，有利于城乡互动和村庄环境提升美化，增强村民的自信心和自豪感。同时，如基于地形环境和古道特点，可建陆道、水道或者混合型的绿道，交通设施多样灵活，富有地方性。如将旧民居功能部分改为公共活动管理用房和民宿功能等，将有利于村落整体风貌保护和特色延续。

4. 产业提升的联动性

结合产业互补性进行关联构建。文化线路开发利用将为沿线的产业提供明晰线路，古道、古村和绿道成为产业关联的重要依托。人员的往来可促进沿线农林业副产品加工业、乡村特色产业和旅游观光业等发展，这些产业互补关联性强。同时，古村又可提供广阔的产业空间和劳动力，产业带动乡村就业，让村民可就地居家发展，达到精准扶贫，有利于促进乡村和谐。值得注意的是，旅游产业往往是前期发展抓手，并不是万能之举，要科学把控好度，不能以牺牲环境和过度开发为代价，可根据文化观光型、休闲度假型和生活体验型等不同需求合理配置产业结构、开发产品特色和控制好容量。

5. 户外活动的大众性

结合喜闻乐享的户外大众体育活动关联构建。文化是人类长期创造形成的产物，它产生并传承于民众的生活中，有很强的社会性。尤其是与民众息息相关的文化类型，如民俗文化、饮食文化等，更是植根于社会，传播于社会，发展于社会。对于社会发展和变迁所带来的文化消亡，其保护的最有效方式便是民间传承。因此，开展丰富的群众体育活动如南粤定向越野、文创大赛和相关的科普活动，让更多年轻人走进古道、走进乡村，增强乡村活力，扩大文化的传播性，让文化在群体生活中内化，提升民众对文化的认同感。

6. 管理模式的多元性

结合不同主体进行多元性关联构建。综合利用传统方法和现代科技是一个系统工程，在规划绿道走向和服务节点选择时应有机串联各类有价值的自然和人文资源，加强与古道和古村衔接，互为配套依存，形成人员共管、空间共建、资源共享、设施共用，以利节约人力物力和提高管理效率，通过这种共享共管关联，形成新的可持续发展绿色文化廊道。

五、美好展望

从秦朝开始，广州就一直是华南地区政治、军事、经济和文化中心。广州从3世纪起成为海上丝绸之路的主港，唐宋时期成为中国第一大港，明清两代成为中国唯一的对外贸易大港。今天，广州作为国家重要中心城市，要建设成为国际大都市、国际商贸中心、国际综合交通枢纽、国家综合性门户城市，需要保护和善用古村古道宝贵的文化资源，将文化遗产的保护与自然环境保护更紧密地结合，彰显移民文化集中呈现地广州的历史厚度和文化自信，尽可能发挥资源的最大效益，展示好过往的辉煌、当下的奋发和未来的美好。

共同推动古村古道的传承利用，广州城乡将更加美丽！

（作者系广东工业大学建筑与城市规划学院教授，中国建筑学会史学分会理事，中国民族建筑研究会常务理事，广东省文物保护专家委员会委员，广州市规划委员会委员。主要研究方向为公共建筑设计、岭南建筑及城镇规划等。）

建设具岭南特色的花城

孙继武

　　为进一步推进广州生态文明建设，为人民创造良好生产生活环境，建设美丽广州，2018年，广州市林业和园林局认真学习和贯彻党的十九大精神，根据广州市委市政府的部署要求，按照生态文明发展的新要求，以满足人民群众日益增长的优美生活环境需求为核心任务，围绕建设枢纽型网络城市目标，广州在加大林业园林建设力度，提升城市园林景观品质，加强森林资源保护上谋篇布局，力求各项工作再上新台阶，建设具有岭南特色的森林城市、千年花城。

　　广州市林业和园林局重点抓好园林景观提升、生态网络完善、绿色屏障构筑、花城品牌塑造、森林资源保护、绿化管理精细化等6个方面工作。推动建设了6个城市出入口景观、16条花树景观大道、10万株主题花树、20个主题花景、2个重点片区、2个森林公园、1个湿地公园、3个森林小镇、88个乡村绿化、40公里生态景观林带、200公里绿道、11万平方米立体绿化、4.5万亩碳汇造林等林业和园林工程，在生态文明建设方面取得了有目共睹的成就。广州市林业和园林局在开展生态文明建设工作方面的具体措施，值得深入总结经验，努力打造成为可覆盖、可推广的示范样本。

（一）突出抓好园林景观提升

广州实施一江两岸核心段景观建设。以品质化、精细化建设珠江沿岸绿化景观，打造生态、连续、具有岭南特色的水陆双线景观。推进临江大道东延长线绿化带建设工程。通过增种宫粉紫荆、木棉、凤凰木等主题开花乔木，打造具有广州鲜明特色的城市出入口景观，全线提升城市高快速路绿化景观；完成华南快速路银牛岗立交绿化改造，启动机场高速、广深高速、南沙港快线、龙溪大道等城市出入口路段绿化建设工程。

广州重点打造大学城、流花湖、麓湖、白云新城等重点景观片区，完成麓湖公共绿地景观提升、大学城绿道升级改造、大学城主干道景观绿化提升工程；另外启动白云新城城市规划展览中心以及白云国际会议中心绿地等改造工程。加强了桥梁绿化养护工作，继续推进珠江两岸勒杜鹃带、立体绿化小景、道路绿化隔墙等立体绿化项目；督促、指导各区完成1万平方米立体绿化建设任务，形成城市空中绿带；同时加强立体绿化的宣传工作，引导市民积极支持立体绿化的建设。

（二）突出抓好生态网络完善

首先，在广州城市中心区，形成以综合公园、专类公园为主，社区绿地、街心花园为补充的公园绿地格局，逐步实现500米见园的目标。在城乡接合部，以郊野公园建设为主，启动海鸥岛郊野公园建设，贴近市民生活，满足就近游憩休闲需要。在城市外围，以森林公园、湿地公园和自然保护区为主，谋划白海面、黄金围湿地，新增镇级森林公园，完善基础设施，提高生态旅游品质，从而构建起森林—郊野—城市—社区四级公园体系。

其次，打造环城绿廊。配合城市翠环建设，聚焦东南西北环及二环沿线、东部生态廊道，整合山体林地、湿地、风景名胜区、城市公园等生态要素，建设环城绿带，新增生态景观林带40公里；启动广清高速公路沿线立交绿化改造、西南环花地大道出口、浔峰洲立交绿化等建设工程。

最后，优化城市绿色空间。对滨江绿地、开放式公共绿地、重点片区适度修整，打造干净整洁、疏密有度、舒适宜人的绿色空间；另外还建设精品公园，重点推进儿童公园、越秀公园、白云山、中山纪念堂、动物园和区属重点公园环境整治和品质提升工作；同时完成越秀公园展览馆建设工程，推进流花湖自然博物馆、黄花岗陈列馆建设，提升公园文化内涵。

（三）突出抓好绿色生态屏障构筑

广州市实施碳汇造林和林分改造。对疏残林（残次林）、低效松林、低效桉树林采用套种补植、更新改造、封山育林和抚育等营造林工程措施，进一步改造林相，培育大径级森林，提升森林品质。2018年一共实施林分改造（碳汇造林）工程4.5

万亩，相比2017年增加了0.5万亩。

完善林网、水网体系。加强珠江西航道、前航道、后航道、流溪河、增江等两岸防护林、生态片林建设；在番禺、南沙等平原地区着力构建以农田林网、沿海防护林以及湿地红树林为核心的平原林网，与河涌、湿地共同构成水绿相融的生态水网系统。

（四）突出抓好花城品牌塑造

一是打造城市主题花景。在城市重点区域，完成种植主题花树10万株，高标准建设各级花景20个，形成不同季节、不同特色的主题花景；另外通过微改造手段，各区完成1—2条城市道路绿化改造工作，打造"一路一树""一路一花"引领全市道路绿化水平全面升级。

二是建设广州花园。初步选址白云山南麓，以工匠精神建设一个具有国际影响力的广州花园，与白云山风景名胜区、海珠国家湿地交相辉映，成为当代岭南园林的代表作。2018年已经完成规划选址、概念方案设计招标等前期工作，开始进入实施阶段。

三是举办花事节庆活动。争取把第五届中国杯插花花艺大赛落户广州；以春、秋两季为重点，集中策划广州园博会、勒杜鹃节、羊城菊展等18项特色花事花节，以及重点抓好海心沙第24届广州园林博览会。

（五）突出抓好森林资源保护

继续扩大生态公益林覆盖面，提高补偿标准；狠抓责任落实，强化森林防火工作；开展陆生野生动植物资源本底调查，加强野生动物保护和外来有害生物防治；抓紧推进国有林场改革，迎接省检查验收，落实流溪河林场社会管理职能移交任务。

落实林业生态红线，并纳入城市总规生态空间管控。对城乡生态安全与环境质量具有重大价值，并适宜永久作为绿地功能使用的公园绿地划定为永久保护绿地，纳入总规、土规及其他相关规划，明确永久保护绿地的刚性管控要求。

（六）突出抓好精细化管理

一是加强园林绿化管养。认真落实行业规范、指引，加强三级绿化巡查、专项整改机制，强化市区联动应急抢险机制；继续完善绿化管护评比、激励机制，建立完善的监督检查机制和队伍，强化市区联动，保护绿化建设成果；同时组织开展养护技术相关培训，切实提高全行业绿化养护水平。

二是提高公园服务水平。深入推进公园分类分级评定工作，继续提升公园品质，完善相关基础设施；并且建立完善对全市各区重点公园进行检查、通报制度，以督促各公园对照规范，整改存在问题。

三是强化科技创新支撑。完善数字绿化系统建设，推进广州数字绿化平台各业务子系统的整合应用；依托广州市观赏植物资源圃和广州市观赏植物种质创新基地，继续推广优良乡土树种、野生植物新品种和新优观花植物，加强花卉产业创新研发；加大力度推进国家花卉研发（广州）中心、国家林业局科技示范园区、广州城市生态系统国家定位观测研究站三个国家级项目落地。

广州市林业和园林局深入开展生态文明建设，是一项功在当代、利在千秋的重大民生工程。党的十九大召开以后，将生态文明建设放在了更加重要的位置上，未来广州市将在现有生态环境建设成果的基础上，继续勇担历史责任，切实履行好生态文明建设使命，践行绿色发展理念，持续加强生态环境治理，建设新型城镇和美丽乡村，加强城市精细化管理，推进更干净更整洁更平安更有序城市环境建设，持续发力，久久为功，相信广州花城一定会更美更靓，更宜居宜业。

建设广州水生态文明城市

杨聪辉

为贯彻落实党的十八大关于加强生态文明建设的决策部署，水利部2013年启动了水生态文明建设工作，先后确定了两批共105个全国水生态文明城市建设试点，广州是第一批试点。在2013年至2016年试点期间，广州市水务局圆满完成了71项实施任务（7项示范工程）和25项指标，累计完成投资274亿元，约占计划投资281.4亿元的97%，顺利地通过了试点验收工作。

回顾广州水生态文明城市建设试点的整个实施过程，主要是围绕集约安全的水资源、有效保障的水安全、健康通畅的水环境、科学高效的水管理、岭南特色的水文化和长效稳定的水经济等六大体系展开，具体有以下内容：

第一，集约安全的水资源体系。

首先严格对水资源开发利用总量、用水效率、水功能区限制纳污的控制管理。从2013年开始到2016年，全市用水总量逐年下降，实现了全省最严格水资源考核目标；同时通过强化取用水单位节水管理，开展高耗水企业用水效率评估和制定农业节水管理制度来提高用水效率。另外，水功能区的限制纳污管理要求加强饮用水源地保护，建立水功能区水质监测体系，从而使主要水功能区水质达到预期目标。

其次建立水资源管理目标责任与考核机制，把省政府下达的用水总量、用水效率和纳污限制"三条红线"指标分解到广州市各区政府，建立完善的考核体系，对各区实行最严格的考核制度；同时广州市还通过加强水文水资源管理基础能力建设和广泛开展爱水、节水宣传活动等措施来进一步完善整个水资源体系。

第二，有效保障的水安全体系。

广州市水务局从优化饮用水源及供水格局开始发力，经过改善后水质综合合格率达到100%；同时开工建设北部水厂一期工程，完成北江引水工程前期设计工作，积极配合省水利厅推进珠三角水资源配置工程；其次还实施了农村自来水改造以及推进供水集约、供水一张网服务体系建设等行动，使广州市的供水格局得到了极大的改观。

另外，广州市水务局在应急管理方面也做了大量工作，进一步提升城市水安全保障。比如建设牛路水库等应急备用水源，加大流溪河、黄龙带等大中型水库应急备用水源保护；建设南部江海堤防，包括完成化龙围、莲花围等6宗工程的修筑；还有通过推进中心城区内涝治理和试点中心城区深隧、浅层渠箱等措施，来提升排水防涝能力，从而持续完善城乡防灾减灾安全体系。

第三，健康通畅的水环境体系。

城市水环境是水生态文明建设的核心内容，水环境治理质量的好坏直接决定了水生态文明建设的成效。广州市在打造健康通畅的水环境体系时，一是通过连通水系完成智慧城东部水系连通和白云湖—石井河补水2宗河湖连通工程，来提高水环境承载能力。

二是建设花都湖、金山湖、凤凰湖、挂绿湖等4宗生态调蓄湖以及海珠湿地二期、从化风云岭湿地、花都湿地等湿地公园，丰富和改善了城乡居民居住环境。

三是加大水系治理和生态修复的力度，创建良好的水生态环境景观。广州市水务局深入推进城乡污水治理工作，开工建设了九龙水质净化一厂等污水处理厂，目前全市污水处理厂达到48座，处理能力达499.18万m^3/d，城镇生活污水集中处理率达94.2%。并且对795个行政村（社区）农村生活进行污水治理，污水处理率达60.1%，处于全省领先水平；同时采取截污、清淤、补水、生态修复等综合措施，综合整治广佛跨界16条及建成区35条黑臭河涌，经过生态修复及清淤，河涌水质明显好转。

在防治污染方面，广州市积极查处违法排污，防治工业污染，关停并清拆广佛跨界河涌区域781个非法养殖场，以及对重点河涌流域范围内2373家"小散乱"工业企业进行清理整顿；

广州市还推进了垃圾无害化处理，建设垃圾分类及处理设施，对面源污染进行有效防治。

除此之外，为了促进生态环境的可持续发展，发挥水源涵养功效，广州市不断推进森林碳汇建设，累计更新改造和封山育林21万亩，全市生态公益林面积达到270万亩。

第四，科学高效的水管理体系。

一是在党中央全面推行"河长制"的政策号召下，广州市先后制定印发了《广州市全面推行河长制实施方案》《广州市河长制考核办法》，实现有责可问、有责必问、问责必严。当前全市已落实河长2892名，初步建立了市、区、镇（街）、村（居）四级河长体系。

二是在治水方面，通过颁布实施《广州市流溪河流域保护条例》《广州市建设项目雨水径流控制办法》《广州市建设项目占用水域管理办法》等在内的10项法规制度，来推进实现水治理的法制化建设；同时实施联防联治机制，包括跨界环境污染联防联治机制，建立治水联席会议制度，以及签订同城化建设环境保护合作协议，形成信息共享、联防联治、技术交流和友谊互信的广佛交界河涌治理四大联动机制等专项措施，从而推动形成多方位治水合力。

三是开展海绵城市建设研究，制定《广州市海绵城市规划建设管理办法》，完成《广州市海绵城市专项规划》《广州市海绵城市建设指标体系》《广州市海绵城市建设技术指引及标准图集》等技术指引，为贯彻落实海绵城市理念提供政策和理论支撑。

四是建成全市水功能区水质监测体系,实现对珠江三角洲网河区、流溪河和增江流域水质和水量全面监测;同时完成了广佛跨界河流(涌)水质监测任务,大力强化了全市水功能区的监测能力。

第五,岭南特色的水文化体系。

为创建具有岭南特色的水文化体系,让水生态文明与城市融为一体,广州市开展了多样化的文化建设和推广。我们建设广州水博苑,一个集全球水科普展示、岭南水文化普及、城市水治理示范、现代都市休闲生态旅游示范、科研交流于一体的文化场所,项目占地共26.26万平方米,充分展现岭南水文化特色。

建成了滨水绿道200千米,推出24条精品线路,试点开展城市缓跑径建设,使绿道品质不断提升、绿道网络进一步完善、绿道内涵进一步丰富,截至目前广州全市绿道里程已达3200千米。

广州还在建设公共沙滩泳场亲水设施和水利风景区,包括琶洲湾、西郊沙滩泳场二期、荔城沙滩泳场等5处大型亲水设施以及"白云湖""花都湖"等国家水利风景区,为市民提供更多的运动、旅游、度假休闲空间。

广州推进水情教育与水生态文明宣传,通过各级报纸、电视、广播、网络、客户端发布水生态文明新闻稿件,加大节水和水生态文明宣传力度。强化爱水、亲水和节水意识,积极提升人民水生态文明意识水平，开创城市管理宣传工作新局面，营造了良好的城市管理舆论氛围。

第六，长效稳定的水经济体系。

营造良好的水经济体系能够为水生态文明建设提供可持续发展的强劲动力，广州市在这方面做了大量工作。

其一，建立政府引导、地方为主、市场运作、社会参与多元化融资机制，为试点建设提供强有力的体制机制保障；其二，推进水价改革，建立以市场为导向的水价形成机制，目前广州市已全面实行居民阶梯水价；其三，探索建立水权交易机制，完成广州市水权交易机制研究、广州—河源、广州—惠州水权交易方案；其四，通过"景观效应"带动临水区域经济发展，例如白云湖、花都湖、海珠湖湿地、荔枝湾涌、东濠涌等湖泊、河涌景观已成为广州城市靓丽的新名片，由此改善区域投资环境，带动相关产业的发展，真正实现水生态环境与社会经济协调发展。

广州市以落实最严格水资源管理制度、建设节水型社会为战略举措，统筹推进水资源、水安全、水环境、水管理、水文化和水经济体系建设，在建设水生态文明城市建设试点工作中取得了重大成效。

未来广州还要以全面推行河长制为契机，进一步做好经验总结和宣传推广工作，打造水生态文明城市建设范本。继续贯彻落实"节水优先、空间均衡、系统治理、两手发力"治水总方针，牢固树立创新、协调、绿色、开放、共享五大发展理念，特别是习近平总书记新时代中国特色社会主义思想为指导，坚持节约保护优先和水污染防治与水生态保护并重，以水生态文明建设继续推进产业转型升级，全力以赴推进黑臭水体治理，助力营造干净整洁平安有序城市环境，努力把广州建设成为人水和谐的岭南生态水城。

破解垃圾围城的"广州经验"

秦海天

2012年，当时的广州面临着一个严峻的现实：广州的垃圾填埋场承载量只能满足一年半的需求，如果不能找到好的解决方法，广州2013年就会被垃圾"掩埋"。解决"垃圾围城"问题迫在眉睫。

而最新的数据显示，2016年广州生活垃圾日均处理量达到1.85万吨，2017年1月至6月，广州生活垃圾日均处理量1.95万吨，同比增长5.9%。可以说，广州"垃圾围城"危机已基本破解。

垃圾分类不是一件小事，而是一个现代化城市的标志，是一个城市文明程度和文明素质的标志。通过大力推行垃圾分类处理等方式，广州逐步创造了一套破解"垃圾围城"的"广州经验"。

寻找"固体垃圾曲线"拐点

若以时间为X轴，以国内生产总值（GDP）为Y轴，画一条

"固体垃圾曲线"，那必然是一条不断向上攀升的曲线。固体垃圾的增加与城市化发展速度和居民收入增长呈现正相关，在一个国家或城市变得更加现代化、居民变得更加富裕的同时，对于塑料、纸张、玻璃、铝、铁等各种有机和无机材料的消耗也随之增加，从而产生更多的垃圾。

必须人为施以影响，合理而有效地干预，"固体垃圾曲线"才可能出现拐点。这意味着，人类必须为自己制造垃圾的行为埋单，否则，"垃圾围城"将会让我们寸步难行。

2007年意大利南部坎帕尼亚大区首府那不勒斯、2015年黎巴嫩贝鲁特都曾爆发过"垃圾危机"，并波及地方政治稳定。"由俭入奢易，由奢入俭难"，通过抑制人类天性、改变生活方式为垃圾做减量，实非易事。一个"限塑令"，实施9年，今天名存实亡，足见撼山易撼习惯难。

固体垃圾处理，亦随着国家或城市经济与科技发展，走过一条从粗放型到精细化之路，从传统的、粗暴的填埋封堆到分类处理，产生经济效益，对冲治理成本。

如北欧最大的垃圾焚烧发电厂——瑞典麦拉能源工厂，每年能焚烧掉48万吨的垃圾，而当地每年只能产生11万吨的垃圾，产生了巨大的缺口。在2014年瑞典就从别国进口了80万吨的垃圾，到了2016年进口量已经翻了一番，进口垃圾并不需要花钱，英国、意大利等国家自己付钱把垃圾送到瑞典。

垃圾处理是一个链条式的行为，垃圾减量（Reduce）、再利用（Reuse）、回收（Recycle）的"3R"原则成为不少国家垃圾处理的核心理念。无论末端如何处置，分类都是前置环节。垃圾分类，就是将废弃物分流处理，利用现有的生产制造能力，回收利用，包括物质利用和能量利用。焚烧发电，就是能量利用。

进入新阶段

城市垃圾处理不仅是一个技术问题，还是一个社会管理问题。垃圾的前端分类、中端分类运输、末端分类处置，必须形成一条完整闭合可控的处理链，需要政府主导力、市民主体力、市场配置力，形成"三力合一"。

作为全国垃圾分类的先行者，广州市充分运用政府的资源配置能力，不遗余力推动垃圾分类工作。2017年8月4日，广州市"高规格"召开了深化垃圾分类处理暨推进生活垃圾强制分类动员部署大会，并提出到2020年广州要实现城乡生活垃圾分类全覆盖。从倡导到强制，标志着广州垃圾分类历经宣传教育、试点和全面推广三个阶段之后，已经迈进一个全新阶段。

目前，广州正在运行的生活垃圾资源热力电厂2座，生活垃圾卫生填埋场6座，餐厨垃圾处理厂1座（处理规模200吨/日）。在建资源热力电厂5座（第三、第四一期、第五、第六、第七资源热力电厂），在建生化处理设施2座，其中第四资源热力电厂一期、第七资源热力电厂已点火烘炉；李坑综合处理厂已基本完成场地平整，福山生物质综合处理厂一期项目正开展监理招标、初步设计等前期工作。

而根据2017年的《广州市深化生活垃圾分类工作实施方案（2017—2020年）》（征求意见稿），广州将全面启动并推广深化生活垃圾强制精准分类工作。到2020年，实现城乡生活垃圾分类全覆盖，全市公共机构、相关企业、相关行业生活垃圾强制精准分类参与率100%，生活垃圾分类示范街（镇）良好以上达标率100%，且其中50%以上街（镇）达到垃圾分类优秀示范街（镇）标准。全市餐厨垃圾分类率达到18%以上，生活垃圾回收利用率达到35%以上。

"人们来到城市是为了生活，人们居住在城市是为了生活得更好。"要让生活变得更好，优良的城市环境是关键。垃圾分类看似民生小事，却是促进一个城市建设"更干净、更整洁、更平安、更有序"的城市环境，践行绿色发展理念的一件大事。

做好垃圾分类工作，创造良好城市环境，是一个现代化城市的文明标志，更是城市竞争力的重要体现。

近年来，广州这座魅力城市正在积极践行"创新、协调、绿色、开放、共享"的五大发展理念，致力于建设更干净、更整洁、更平安、更有序的城市环境，真正打造创新之都、机遇之城、多元包容的国际大都市，为整体提升城市综合竞争力提供良好的环境支撑。

垃圾分类的"广州模式"

梳理垃圾分类历史，不难发现，广州用了将近20年时间。

广州是最早出台垃圾分类政府规章的城市之一。广州市政府早在1996年便开展了垃圾分类居民调查，并于1999年正式倡议居民实施垃圾分类。2011年颁布实施《广州市生活垃圾分类管理暂行规定》，之后又出台了购买低值可回收物回收处理服务、生活垃圾处理设施运行监管、引进企业参与街（镇）垃圾分类等规范性文件。《广州市生活垃圾分类管理规定》已于2015年9月1日实施。

日拱一卒，功不唐捐。2015年12月29日，由联合国开发计划署等主办的"2015中国城市可持续发展国际论坛"上，广州市垃圾分类处理项目获得了"2015中国城市可持续发展范例奖"。中国再生资源回收利用协会会长蒋省三说，近年来，广州市在城市垃圾处理方面做了积极探索，取得明显成效，走在全国前列。

2017年，广州预计每天垃圾焚烧发电处理能力14000吨、厨余垃圾处理能力2200吨、低值可回收物每天回收8000吨，合共2.42万吨，将全被回收。"固体垃圾曲线"终于出现拐点，并开始下行，这是一个了不起的成就。

垃圾分类处理事关公共利益，单靠市场机制不可能完全解决，必须要有法规强制介入。一些西方发达国家均不同程度地对垃圾分类回收进行了立法。相对而言，我国城市垃圾分类起步晚，还谈不上立法。

广州垃圾分类，一直在建章立制，运用地方立法权，不断出台、完善垃圾分类法规，与公共政策一道，不断增加制度供给，使得垃圾分类有章可循，为强制垃圾分类夯实制度地基。

垃圾分类不能政府"唱独角戏"，理想形态是"政府搭台、企业唱戏"，鼓励社会力量参与生活垃圾处置利用，垃圾分类投放、运输和处理将全部面向社会资本开放，以市场力量撬动垃圾分类处理新变革。

广州在这方面进行大胆创新，引入第三方企业实施垃圾分类。其创新之处在于，参与垃圾分类处理的第三方企业可能从三方面获得收益：

一是通过回收、利用垃圾（废品）获得收益；二是政府给予财政补贴，帮助企业解决一定的运行经费；三是政府开展垃圾减量评估后，将垃圾处置费用按一定比例返还给企业。通过财税杠杆，打造垃圾分类处理"财富洼地"，引民间资本入池，以补公共财政不足。

此外，公众自觉参与是垃圾分类成功的前提，也是垃圾处理效率的保障。为了让垃圾治理原则、分类方法和技术路线家喻户晓，从2012年起，广州持续广泛深入开展垃圾分类进学校、进社区、进家庭、进单位的"四进"活动，多维度、多形式、长时间开展垃圾分类宣传，提高公众认知，努力让垃圾分类意识深入人心。此外，广州还与时俱进，通过手机APP调动全民参与积极性，互联网平台精准监控垃圾分类全过程。

历经多年上下求索，广州垃圾分类已取得初步成果。如今，广州提出到2020年，要实现城乡生活垃圾分类全覆盖，全市公共机构、相关企业、相关行业生活垃圾强制精准分类参与率100%。有了方向和目标，再加上垃圾分类的"广州经验"，一个"文明广州""绿色广州"也将可期。

广州建设"引领型全球城市"的生态环境可持续发展之路

赵红红　杨阳

可持续发展是21世纪人类社会发展的重要宗旨。生态城市建设是人类探索与自然和谐相处聚居模式的智慧选择，也是实现我国城市可持续发展的长远战略选择。

改革开放以来，中国经历了快速的城市化进程。城镇化率从1978年的21%增加到2017年底的58.52%，未来还将持续加速增长。进入21世纪以来，我国诸多省市积极开展了生态城市建设实践，在城市空间、环境、产业、建筑、交通、能源等方面进行了有力的生态探索，取得了良好的阶段性成果。在党的十九大报告中，生态文明建设继续作为我国民族永续发展的千年大计，被放在国家战略发展首要位置。

一、广州在生态城市建设方面成绩显著

作为我国历史上的重要商贸中心，改革开放前沿的经济发达城市，广州在生态城市建设方面也长期走在全国前列。在

推进生态城市建设中广州始终坚持以规划为先，城乡统筹的思路，通过全面的生态战略部署，积极颁布一系列的政策和纲要文件，引导全方位的生态决策和建设实施工作。

在宏观生态城市战略层面，广州市在2000年战略规划中首次将生态环境纳入了城市宏观规划中，提出了以"山、城、田、海"自然特征为基础，构建"三纵四横"生态廊道的生态结构体系；并在2012年对区域生态资源要素的自然特征开展了详细摸底工作，建立了广州生态基础数据库，在此基础上进行了多项城市生态功能的定量评估，为广州生态城市建设的发展目标和策略制定奠定了扎实的基础；随后开展了《广州市生态专项规划》（2012年），在市域层面划定了生态管理分区和热环境控制分区。

在中观层面，广州编制了相对应的《广州市生态用地专项控制性规划》，以规范指导生态规划建设的落实。在具体的生态城市建设战略方针上，广州市建委牵头拟制了《广州市花城绿城水城建设方案》（2014年），提出了以"花城、绿城、水城"为特色，提升广州城市生态竞争力的战略目标。

在微观城市生态环境建设方面，广州依托地缘山水自然资源优势，重点聚焦城市森林公园、湿地公园、绿道和蓝道的生态建设。

经过多年努力，城市生态环境品质明显提升，根据广州市林业和园林局公布数据显示，到2017年，全市建成区绿化覆盖率42.54%，人均公园绿地面积17.06平方米，建成绿道200公里，全市总里程达3400公里，全市森林公园数量达到83个，湿地公园21个，其中包含2个国家级湿地公园，生态景观林带98.3公里，基本形成了较全面的生态网络系统，打造出了城市被森林包围、河湖环绕的生态城市美丽景象。与此同时，广州生态城市建设还进一步结合较好的山水生态基底，重点打造具有地域特色的花城生态文化，广州目前已基本建成赏花点58处，花景约60个，遍布全市11区。近年，市林业和园林局有关部门还编制了《广州市花景建设规划（2016—2020年）》，将进一步打造世界级花城城市品牌。

综上所述，广州在生态环境建设方面已经初见规模，在全国生态城市建设事业中起到了较好的示范作用，为加快广州城市国际化打下了坚实基础。

二、国际生态城市建设的经验和借鉴

20世纪70年代，生态城市的概念首次在联合国教科文组织发起的"人与生物圈"计划研究过程中被提出。至今，世界不少国家都启动了生态城市建设计划，在不断探索实践中产生了诸多全球生态城市最佳实践范例，如美国伯克利、加拿大哈利法克斯、巴西库里蒂巴、澳大利亚怀阿拉、丹麦哥本哈根等。这些成功的生态城市建设都遵循生态可持续发展的原则，根据自身地理环境、社会文化和经济发展各方面的特点，在城乡空间结构、公共交通、能源利用、生态环境等方面提供了成功经验。

新加坡是众多生态城市建设实践案例中的典范，以"花园城市"之名享誉世界。国土面积有限，可利用资源匮乏的新加坡在建国初期制定了统筹城乡整体发展的概念性规划，并在之后的建设过程中不断优化，始终围绕社会发展与自然和谐共生的生态城市建设目标，形成了完善的城市规划体系。新加坡花园式生态城市的成功主要取决于两方面因素：其一，是城市规划、土地利用规划与城市绿地系统规划间的密切衔接，从国土自然保护区、国家公园，到市域综合公园、绿道等，到社区公园不同等级相互连接形成完善的生态绿地系统，构成了生态城市的基底，是重要的硬件要素；其二，就是政府引导、法制监督、政策落实、全民努力的软件要素。

广州市委市政府在新一轮广州市总体规划中提出了新的发展高度：到21世纪中叶全面建成中国特色社会主义"引领型全球城市"，这体现了广州市作为国家"一带一路"重要枢纽和粤港澳大湾区核心城市对未来发展的信心和雄心。健康宜居的城市环境是国际化大都市建设的重要基础，目前，广州生态城市建设在宏观规划和政策指导上，在生态环境建设方面下了大功夫，基本满足了生态城市建设的生态基础条件。广州需在现有良好的生态城市建设根基上，继续践行生态城市建设理念，勇于创新探索，因地制宜，打造出具有新时代和地缘特色的生态城市表率。

三、广州生态城市建设要从"量变"转入"质变"的提升优化阶段

广州在未来建设成为具有中国特色的"引领型全球城市"

的过程中将面临困难和挑战。在现有生态环境建设成果的基础上，未来广州生态城市建设目标应该从追求"量变"全面进入"质变"的提升优化阶段。生态城市建设的效能评价和生态景观文化的建设是有效的"抓手"。

（一）加强生态环境项目建成后的效能评价，提高建设项目的综合效益

效能，与效率不同，其关注的是组织或系统活动达成其预期目标或结果的程度。需要特别强调区分的是，本文所谈效能针对的不是项目建设过程中的管理活动，而是规划设计活动，具体来说，关注的是建设项目中规划设计阶段一系列策略和方案的活动最终在实际建设中落实的效度，即有效性。建设引领世界的新时代中国特色生态城市，我们需将注意力转向具有高质量和效益的可持续发展目标上，要思考的是这些大规模开展的生态环境建设工程是否切实符合可持续发展和生态城市的内涵要求，带来了实质的环境、社会和经济综合效益？

生态城市是当代世界各国尤其发达国家都在努力探索的人类聚居模式的总称，而花园城市、绿色城市、园林城市、山水城市、健康城市等都是生态城市探索过程中不同的侧重，生态城市没有固定模式，其本质都是追求人与自然和谐的人居环境。我们在生态城市建设过程中，最切记的是理解生态城市的内涵——自然—社会—经济相互依赖的复合生态系统，也就是环境友好、社会公平、经济发展的可持续性要求，最忌讳的是用巨额财政支出打造出看上去美丽的"伪生态"的政绩工程式的人造自然环境，其生态系统在运作中可能不仅无法发挥实质的效益，反而带来更大的维护管理成本，导致资源浪费，甚至产生生态系统负效应。为了避免生态环境建设流于形式，或成为规划师和设计师们个人主观臆想的实践产品，我们在大规模开展生态环境建设的同时，应当以科学严谨的态度去不断检验项目建设后的效能，也就是以循证的科学方法，通过对建成项目采取动态的综合绩效评价的方式来检验设计策略和方案实施的有效性，并形成反馈机制，以便进一步对规划设计策略和方法提出有针对性的改善意见。这样才能在不断地经验实践中总结出有效的、有用的、可操作的生态实践知识，以指导和提高未来新的生态城市实践的质量。

我国发布了绿色建筑评价标准，为规范和引导绿色建筑实践发挥了重要作用，但是实践范围更广的可持续景观生态工程项目则缺少必要的建成使用后的评价机制和体系。在生态环境建设中，不少决策者甚至设计师常陷入一种有绿植绿水就是生态，有硬质空间和设施就会有社会活动的表象误区。目前，这种情况在重大项目上有所好转，通常会在规划设计阶段进行生态效益的模拟评价，为方案决策提供依据，而社会效益和经济效益由于预期评估难度较大，常常被忽略。

值得关注的是，美国风景园林行业学者已经开展了有关可持续景观绩效评价的研究探索，推出了可持续场地倡议（Sustainable Sites Initiatives，简称SITES）的评级系统，以及针对建成后的景观绩效系列（Landscape Performance Series，简称LPS）评价计划。广州在具体的生态城市景观建设实践探索过程中也难免出现各种问题，但是重要的是要及时有效地发现问题，总结经验，以正确的方式指导新的生态实践，才能形成螺旋上升的实践发展路径，为城市长远发展提供持久服务。对建成项目展开有效的绩效评价，以及建构基于绩效评价的有实践指导性的数据库和知识库是提升实践质量的重要手段和工具，应该尽快得到各管理部门和实践研究者的重视。

（二）打造融入城市生活的生态景观文化，提升市民生态意识

生态城市并不是打造一个"很像"自然的城市，而是让生态环境成为一种地方文化，深入城市系统和市民生活体验中，就像大自然有各种不同的风格，每个城市也当有各自独具魅力的生态文化气质，这种气质不仅表现在视觉上，还要融入城市中的市民的记忆，继而影响其生态的行为意识，这样才能彰显出生态城市的真正活力。

生态景观文化需要凸显地域性和时代性的特点，广州生态城市应该打造自身独特的地方性生态文化。比如花城的生态文化品牌就特别好，三角梅属热带植物，是老广州居住区常见的家庭种植花品，花瀑布般从窗台倾泻而下是老广州人的生活记忆，广州将其作为城市建设中立体绿化的植被就非常好地体现了传统地方生态文化的现代传承，向市民和游客传递了靓丽的广州现代生态魅力。那么在湿地公园、绿道、森林公园或者生态休闲农业等项目中，如何传承和创新具有地域特色的生态文化是我们需要统筹思考的。

市民生态价值观的塑造是生态城市建设的重要软实力。城市的生态环境和文化不能只靠上层决策和管理者的努力，最根本和高效的途径是自下而上地从公司组织、学校、社区和家庭加强生态意识，共同践行生态的生活方式和工作方式，正如习近平总书记说的"像对待生命一样对待生态环境，统筹山水林田湖草系统治理，实行最严格的生态环境保护制度，形成绿色发展方式和生活方式"。我们要理解市民的生活需求，将生态环境建设融入其生活和工作中，或通过环境建设引导和改变市民的生活方式，潜移默化地提升他们的生态观念和意识，形成广州市最有力量的生态城市软实力。

总体而言，广州建设引领型全球城市需建设好优质的生态环境基底，以生态环境作为社会经济发展的助推力，深刻理解可持续发展的内涵，重点关注如何将生态理念实质性落到建设中，融入每个公民的观念意识中去，推动中国向世界展现生态文明转型之路。

（杨阳，华南理工大学建筑学院风景园林专业博士研究生。）

广州家庭种植与城市绿化生态环境

张弘

城市绿化生态环境对提高居民生活环境质量具有重要作用。说到城市绿化系统，我们会想到公园、带状绿地、小区绿地、街旁绿地等公共绿化空间。在过去的几十年，广州城市公共空间绿化得到良好发展，羊城越来越美，人居环境不断改善。

然而，城市的功能决定了城市公共绿化用地的有限性。那么，我们如何在自己所生活的城市中，进一步挖掘绿化空间，改善城市生态环境呢？家庭种植对广州绿化生态环境有什么意义呢？如何更好地发挥家庭种植的作用呢？

广州素有花城的美誉。早在西汉时期，楚国思想家陆贾出使南越国时，就发现岭南人喜爱种花，堂前屋后是花，厅堂房内也是花，便赞誉这里都是"彩缕穿花"的人。唐代诗人孟郊曾描绘广州冬季处处有花草的美景："海花蛮草延冬有，行处无家不满园。"

为何百花有意于此地？一方面是因为广州的气候条件非常适合花木生长。广州地处亚热带，属季风气候，夏季漫长、冬无严寒，年平均气温为21.7℃。日照时间长，雨量充沛，空气潮湿，年降雨量为1982.7毫米，平均相对湿度为77%。优越的地理位置和良好的自然环境为花木生长提供了极佳的条件。

另一方面是因为广州人自古以来就有爱花之心，并逐渐形成了丰厚的养花历史与花文化。早在一千多年前的南汉时期，广州珠江南岸就满布花田；唐朝时期，就有被记载为"花馥斜"的花木种植地，在民间流传了许多关于养花的佳美故事；明清时期，珠江南岸已有大半的村落以种花为业，河南（珠江南岸）地区（现在的海珠区）也因此被称作"花洲"。清代曾有一七言古诗谈到当时河南宁静安逸、花香缭绕的田园生活："隔江犹有古淳风，犬吠鸡鸣路四通。桑陌雨晴收嫩绿，茶园霜薄摘新红。地连海市鱼虾美，居绕潮田稻黍丰。三十三村人不少，相逢多半是花农。"

时光飞逝，如今的广州人，是否还像从前一样喜爱种花呢？随着广州城市化进程的发展，过去的村庄被今天的居住社区代替；过去低矮的民宅变成了今天的高楼大厦；过去的农家生活已被今天的信息社会取代。

广州人的种花习性会不会因此改变？为此，笔者对广州市民做出了187份随机问卷调查，并采访了数十位居民。受访者75.67%为31—50岁人群；基本都是受过高等教育的人群，职业为专业技术人员、教师、行政、销售、管理人员等，以女性居多。受访者超过90%都是广州常住居民。这些居民的家庭种植情况如何呢？下面是对调查结果的总结、分析及探讨。

一、广州家庭种植调查结果分析

1. 广州人爱花之心不变

84.32%的受访者家中有种植物。10.27%的受访者希望在家种植，但因为客观条件无法种植。可见，千百年过去了，广州人爱花之心不变。家庭种植的普及反映出广州人对生活的热爱，和花城广州的活力。

2. 花木选择主要考虑以观赏性为主

在家庭种植中，59.46%的受访者考虑到观赏性；30.81%的受访者是因为享受种植的过程而种植。在此可以看到，大部分居民渴望通过绿植改善居住环境，在家养花种草是许多广州人的生活情趣。

3. 家庭种植虽普及，但每户种植数量不多

虽然广州家庭种植普及率非常高，但调查数据显示，43.24%的受访者家庭种植不足6株，30.81%的受访者家庭种植6—10株。有爱花之心，喜欢种植，但种植数量不多。这是一个值得我们思考的现象。

4. 家庭种植中遇到的主要问题

调查结果显示，44.32%的受访者认为自己缺乏家庭种植专业指导，植物常出现健康问题。31.89%的受访者认为生活过于忙碌，以至于无法及时打理绿植。与此对应的一组调查数据显

示，60%的受访者种植了较易打理的观叶类植物；30.81%的受访者种植了不需经常浇水的多肉类植物；而只有27.03%的受访者种植了观花植物；14.05%的受访者种植了果实类植物。

根据这些资料，可以将目前家庭种植遇到的问题大致总结为缺乏专业指导与种植养护时间不足。

二、有助于鼓励家庭种植的建议措施

笔者根据上述调查结果，以及对一些广州市民、相关专业人士的访谈，提出鼓励家庭种植的建议措施如下：

1. 住宅设计尽可能考虑增设花园或露台，增加阳台面积，以及在窗台上设花池

调查结果显示，家庭种植的主要空间是阳台。28.11%的受访者住宅阳台或露台面积不超过3平方米，67.57%的受访者住宅阳台或露台面积不超过6平方米。而20%的受访者认为自己没有在家种植或种植数量不多的原因是缺乏种植空间。在另一组调查中，37.5%的受访者表示若住宅设有花园或露台，将提高他们的种植兴趣，19.02%的受访者则建议加大阳台面积。可见，增设花园或露台，以及增加阳台面积，是激发市民家庭种植热情的硬件条件。

值得留意的是，12.97%的受访者在家中防盗网上摆放盆栽，24.86%的受访者在客厅、卧室、书房等主要室内空间布置盆栽。可见，即使在阳台或露台空间不足的情况下，不少市民还是尽力地创造种植空间。与此吻合的是另一组调查数据：

19.02%的受访者建议在窗台上设置花槽。在防盗网上摆放盆栽有一定危险性，也不美观。因此，若能在住宅窗台设计花槽，统一考虑花槽的位置、外观设计、给排水设计，可以更好鼓励居民参与家庭种植，增加每户种植数量，进一步美化城市景观。

2. 普及种植技术

缺乏专业技术指导是受访者家庭种植中遇到的最大问题。许多居民都期望家里花木郁郁葱葱，却心有余而力不足，有的甚至因为气馁而放弃种植。因此，普及种植技术是鼓励家庭种植的重要一环。笔者了解到居民期望普及的种植技术包括：

（1）了解花木习性。

不同朝向的阳台、窗台、房间，日照的情况不尽相同；不同植物的喜阳性、耐阴性、对水分的需求也不同；同一植物在不同时期对水分和养分的需求也不同。若能进一步加强花木知识的科普工作，可帮助居民根据自家的具体情况选择适合自己的花木，这是家庭种植成功的基础。

（2）普及养殖技术。

想种但种不好、不知道为什么花开得越来越小、植物存活时间不长……这些都是受访者发出的感叹。要提高家庭种植的花木成活率，改善花木生长状况，就需要普及养殖技术，包括土壤基质的选择、如何避免盆花底部板结问题、什么时候该施什么肥、如何防止病虫害、如何修剪、如何繁殖等。

（3）鼓励居民自制花肥。

提倡家庭种植是培养公民环保意识的方法之一。自制花肥不但可以降低种植成本，还是一个非常环保的做法。普通化肥易导致土质盐碱化，会带来定期更换土壤等工作。因此，基于家庭种花肥需求量不大的特点，可以适当鼓励居民用厨余垃圾自制花肥，既可以减少生活垃圾的排放，又可以变废为宝、环保、经济、简单易行。

术业有专攻。绝大多数居民都是非植物园林学专业人士。因此，要普及养殖技术，需要地方行业协会、社区的机构发挥积极作用，需要专业人士给予家庭种植足够的技术支持。

3. 引入更加丰富的花木品种

今天的高楼大厦看似没有古时的宅院适合花木生长，但今天的家庭种植却比古时有一些更有利的因素。我们的眼界广阔了，机会更多了。随着科学技术的发展，若能根据广州地区的纬度（太阳辐射）、大气环流、下垫面（海拔、地形等）特点，进行适当的植物引种，不断扩展广州花木的品种，可以进一步弘扬广州花文化，加强居民的文化认同感，大大激发家庭种植的热情。

4. 提供必要的居家绿化设计服务

调查结果显示，虽然受访者普遍对家庭种植充满热情，但大多数家庭的种植数量并不多。除了缺乏专业技术知识与闲暇时间外，还有一个原因是没有充分利用好可以种植的空间。以普通阳台为例，大部分家庭都只是在地上或阳台栏板上摆放一些盆栽。但假若经过设计，可以在不影响衣物晾晒等阳台功能的前提下，在高处悬挂植物、矮处摆放盆栽，墙面设置绿植，将阳台变成一个更适合休憩的绿色小天地。通过精心设计和充分利用空间，阳台的"绿化面积"和种植数量将大大增加。

因此，若专业设计团队能更多地提供家庭种植空间设计服务，将有助于发挥家庭种植的绿化功效。

5. 住宅设计设置花木养护设施或设备

现代人生活忙碌，虽心里向往种植，但时间往往不允许。调查结果显示，57.3%的受访者每周只能花费不足2小时的时间来养护花木，32.43%的受访者几乎没花什么时间在种植上。如果能在住宅设计中引入便于花木养护的设施或设备，将能帮助忙碌的都市人更轻松地维护好家中郁郁葱葱的小环境，从而提高居民家庭种植的积极性。例如，在新加坡的一些建筑中就设置了自动灌溉系统，植物可以根据自己的需要自动吸收所需要的水分，从而减少了浇水养护的时间。自动灌溉系统还可以和中水系统、雨水收集系统、景观鱼池等结合，形成一个绿色循环系统，节能环保。

6. 制定系统的家庭种植操作指引与规则

目前的家庭种植都是民众自发行为。若能制定系统的家庭种植操作指引与规则，将能进一步鼓励家庭种植，并确保其良性发展。

一方面，家庭种植操作指引与规则可以让"种植小白"更快掌握种植要领，轻松入门，激发鼓励更多市民参与家庭种植。

另一方面，家庭种植有一些潜在的危险因素，例如：植物的根系可能会破坏建筑结构、可能会滋生蚊虫等问题。通过制定指引与规则，以及有关部门的有效管控与对居民的教育，可以从法规上保障家庭种植的安全，杜绝隐患。

7. 政府扶持政策

花园城市新加坡之所以能建造那么多空中花园，离不开政府政策的大力支持。近两年来，上海、深圳等城市纷纷对屋顶绿化、墙面绿化的建造与维护制定了补贴政策方案。要鼓励家庭种植，制定相应的激励政策也是非常重要的。

许多庭院施工方不愿承接家庭绿化工程（例如小花园建造、绿墙），是因为规模小、工程复杂、利润低。普通市民因为得不到专业团队的帮助，而放弃了心中期盼的家庭绿化改造。若政策上能对此有所扶持，将可以帮助更多市民实现家庭绿化的愿望。

三、大力推广家庭种植对广州绿色生态环境改善的意义

1. 促进人和自然的和谐

人和自然的和谐一直是城市发展的重要议题。从公元前6世纪古巴比伦的空中花园，到今天21世纪，将室内外立体绿化引入摩天大楼的建筑设计发展趋势，人类一直在追求与自然的和谐。广州城市绿色生态环境建设也正朝着这一方向发展。推

广家庭种植将推进广州人与自然的和谐。

2. 改善人居的身、心、灵环境

家庭种植可有效提高广州城市绿色生态人居环境质量，表现在：

（1）家庭绿植与花卉不仅赏心悦目，还可以在广州高密度住区中，遮挡视线，减少居住视线干扰；在家中打造一个绿色小天地。

（2）家庭种植可降低环境温度，减少城市热岛效应以及调节湿度，从而增加区域环境舒适度，改善居家生态小环境。

（3）家庭种植（特别是屋顶家庭种植）可减少夏季室内温度，在冬季有一定保温作用，从而有效降低建筑空调能耗。

（4）绿植的叶面可以阻滞粉尘，吸收有毒气体，净化空气，改善空气质量。

不少绿植还有特别的功能，例如吊兰可以吸收甲醛，仙人掌可以吸收电子产品辐射等。

（5）绿植的绿叶是噪声的"消声器"。虽然一株绿植消声的作用很小，但如果每个窗口都有绿植，可以有效降低居住空间的噪声干扰，改善人居环境。

（6）家庭种植符合人贴近自然的天性。家是休憩的地方，在家是一个人最放松的状态。若能在家里营造郁郁葱葱的环境，让在高层居住的人能嗅到花香，将大大提高广州居民的幸福指数。

（7）家庭种植可陶冶情操。人在种植的过程中，身心会得到放松；植物的春华秋实可以让人慢下来，关注心灵、环境与传统，从而提高生活品质。

（8）家庭种植让儿童亲近自然，培养儿童的观察能力与尊重生命、呵护弱者的爱心，有利于儿童的健康成长。

3. 提倡家庭种植可进一步健全城市生态系统

家庭种植尚未被列入绿地计算范围。然而，假若每个家庭都做到了充分的种植，将会极大地促进城市绿化生态环境的改善。一个5平方米阳台的家庭种植看似对整个城市绿化生态环境的改善作为微乎其微。然而，假若一万个阳台都做了充分的家庭种植，其绿化量可以与一个小公园相媲美；假若广州几百万家庭都做了充分的家庭种植，广州将增加几百个小公园的绿化量。

因此，倡导每一个家庭从我做起，从家里的阳台、窗台做起，营造出一个个"小小植物工厂"，那么，家庭种植就可以为健全广州城市绿色生态环境贡献其非凡的力量。

4. 凸显"花城"城市景观特色

大力倡导家庭种植还可以改善广州的城市景观。目前，新加坡政府已将其打造"花园城市"的目标，改为打造"花园中城市"。也就是说，新加坡不但要有很高的城市绿化率，还要有各式各样的空中花园，使城市中的高楼大厦变成花园城市立体花园的一部分。试想，假若在广州，无论是高层住宅，还是多层住宅，家家户户阳台窗台都点缀了生机勃勃的花木，有的住宅还设计了空中花园与露台，那么，广州的花与城将融合在一起，四季飞花，处处有花，那将形成花城广州独特的一景。

　　综上所述，爱花、养花是广州千百年来的传统，承载着广州独具特色的文化意蕴。在城市土地资源稀缺的今天，若能在建筑设计、技术、社区、政策等方面给予进一步支持，大力倡导家庭种植，将可以在不增加公共绿化用地的情况下，发掘"藏绿于民"的潜力，从而大大促进广州城市绿化生态环境建设。当然，家庭种植的推行不能一蹴而就，需要循序渐进。从试点出发，不断尝试，不断改良，逐步推广。相信，只要坚持不懈地努力，随着家庭种植的专业化与普及化，广州城市绿化生态环境将越来越好。

美丽乡村的镜鉴

赖寄丹

绿树成荫，鸟语花香，校园美丽，道路井然……如今来到广州大学城的人，无不称叹这里环境好、空气好，规划整齐美观。殊不知这一个"好"字，是付出了昂贵的代价的——拆迁了6个原生态的美丽乡村。相信喜爱乡村游的"驴友"们听了都会痛心，而工作和生活在广州大学城的我，在享受到这里的美好工作和生活环境时，一想到此，也还是禁不住百感交集，怅然若失。

古村的自然之美

大学城华南理工大学所处的原穗石村，相传其建村之时，村后山岗有一巨石，状如伏虎；石旁长着一棵巨松，形若飞龙；枝叶蓊荣，浓荫掩石，所以得"穗石"之名。穗石有八景：烟烽水月，星冈牧笛，马毡松风，石台竞渡，社学论文，松岗赛社、虎石垂纶，罟埗渔歌。仅此已不难想象古村之美。

华南师范大学所处的北亭村更有古已驰名的八景，俗称"昌华八景"——因南汉（917—971）刘氏在此地曾建皇家御园"昌华苑"而得名：马埗归帆、海曲夜渡、荔子红云、水云晨钟、石基步月、东山旭日、渭桥烟雨、蟹泉煮茗。何等的诗情画意！其中的"海曲夜渡"的"海曲"原是南汉时期刘氏的御陵和祭祖、游乐、狩猎的御苑，设有专职司理昌华宫的宫苑使，并建有南北两座亭院，驻扎官兵，北亭村、南亭村即由此而得名。

"昌华苑"所在的北亭村自古以来就是游览胜地。如今北亭村内仍有一座保留完好的古代石拱桥名为渭水桥，旁有门楼，相关史料及当地老人忆述证实，这里就是古代"渭桥烟雨"所在地，渭桥烟雨是昌华八景中保存最完好的一景。

2004年建成的广州大学城，城址在广州番禺的小谷围岛上。由于小谷围岛是珠江的一个江心孤岛，不通陆路，只有水道可行，广州大学城开发之前，岛上没有任何工业，村民饮用的还是井水或泉水，因此，虽然广州极尽现代化都市的繁华，这里却是一派农耕时代的自然景象。不过，这个江心孤岛可并不孤寂，各村码头贸易兴旺，民谚云："一圩两市，不嫁北亭等几时？"珠江三角洲一带源通四海、财旺三江的乡村特色可见一斑。

"打造美丽乡村"，"打造特色小镇"，一个地方的自然生态美丽与否应是与生俱来；而一个地方的人文特色却是其历史文化内涵的自然呈现，所谓"物华天宝，人杰地灵"绝非仅仅靠"打造"一蹴而就。广州大学城建成十几年了，要形成其独有的"特色"还需努力。

深井古村的镜鉴

从广州大学城外环东路穿越赤坎桥，一水之隔的桥那端就是黄埔长洲岛。在长洲岛这座拱形石桥的西北角，有一个著名的古村，名叫深井村，这是一个有着700多年历史的古村，其特色在国内当属罕见。

在邂逅深井古村之前，我对于"深井"这两个字并不陌生。有一道广东招牌菜，名叫"深井烧鹅"，是一道东西南北、男女老少都喜爱的雅俗共赏的粤菜。"深井烧鹅"的"深井"是香港的还是广州的，至今仍无定论。不过据说广州深井村流传有一个故事：很久以前，村里来了一个乞讨的老头，衣衫褴褛，又脏又臭，身旁还带着一只同样灰头土脸的大鹅。村里人不嫌弃，整整3年，全村人人每天都给老头和大鹅好吃好喝。有一天，老头突然离开，留下大鹅，从来没有生过蛋的这只大鹅开始生蛋，还孵出小鹅，长大的鹅烧制出的鹅肉特别鲜美，行销四乡八里，村民们从此过上富足的生活。反正"深井"这个名字听着就让人觉得有故事。其实深井村原名为"金鼎村"，据说因为村里有一口深井，需要12米左右的长绳方能打到井水，并且村里的水井普遍很深，就慢慢被叫作了"深井村"。深井村水井多为甘泉，昔日外国海员及商贾回航时多在深井买淡水储船备用。

而"深井"的确就是很有故事，当我踱步于它的井然有序的街、坊、里、巷，我简直不敢相信在到处是繁华喧嚣的广州城里，还有这样完整僻静的一个古村存在。麻石街，青砖屋，宗祠，文塔，百年大宅，绿茵茵的青苔在岁月侵蚀的砖砾瓦石间弥漫，霸王花在墙头屋角迎风摇曳着，一些原住村民仍然在这里生活着，这一切令我瞬间有一种穿越时空的感觉，仿佛置身于清末民初。

而这样一个已经是稀缺资源的古村，竟然还没有圈起来大卖旅游门票，也没有那些兜售旅游土特产的铺面摊档，只有零星的慕名而来的游客在村头村尾频频地按动着手中的相机或手机，似乎是要把眼前的景象统统摄入相机，唯恐一不留神这一切就会永远地从眼前消失。深井村的特色在于，它既是一个数百年来传承了中国传统农耕文化的岭南古村，又是一个两百多年前就对外开放、以服务业为主的商贸村。

虽然地处较偏僻的市郊一隅，但在昔日河涌遍布、水道畅通的广州，深井却曾经是一个极为繁华之地，岛上耕地少，村民多营商，深井村富甲一方，文教昌荣。1757年清政府实行"一口通商"，广州黄埔一度成为外轮唯一停泊口岸，也成为外轮补给、进口贸易集散地和船舰修造中心；深井古村被指定为法国海员休憩地，许多法国人在此往返逗留，一度有"法国人岛"之称，本地商贸由此而大为兴盛。

深井村如今还伫立着"安来市"的街市牌坊，村里商贾云集，店铺林立，安来市昔日200多米长的街道两旁，就开着数十家店铺，榨油、碾米、酿酒、造酱、漂染、刺绣、制衣等作坊和糖寮、船栏、武馆、会所、当铺、茶楼、医馆、金铺等行当，应有尽有。村民们从事码头搬运、造船修艇、经营商贸，收入颇丰，深井故又有"小金山"之称。

深井"法国人岛"的特色是自然形成的，因为法国商船在此靠岸，随之而兴的种种商贸和服务行当都是顺理成章。而按照如今的"打造"的做法，首先要拆除深井的这些旧房子、老建筑，然后搞通电、通水、通路、平整场地的所谓"三通一平"，再揣摩着法国人的种种喜爱比如咖啡厅、面包房、画廊、啤酒广场等，搭建一个"法国人岛"平台，以吸引法国人进驻。可是在深井村，如今除了村外有一个竹岗外国人公墓，印证这里曾经生活、居住过许多越洋过海来到中国的外国人，并没有留下更多"崇洋媚外"的遗迹。那个时代的深井人并没有把自己的家园打造成法国人入驻的平台，倒是这些法国人和其他的"老外"把深井当成了他们生命的最后归宿。

深井村的村落布局是典型的广府民居风格——三间两廊式的合院，整齐的梳式布局，村落坐西北朝东南，村后山岗环抱，村前有风水池塘；街坊呈十字形布局，整齐通畅的巷道有利于交通、通风和防火，锅耳式的山墙起伏有致，靠近山岗的里巷多是东西走向，因地势西高东低有利于排水；房屋偏东南方向，因夏季风多是东南向，有利于通风纳凉。祠堂是村落的中心，民居围绕本房的祠堂而建，方便村民到祠堂参加祭祖、节庆、集会、宴请等活动。深井村设有东西南北四个村门，门名分别为"福旋""光德""尚贤""由庚"，夜幕降临之后即关闭村门，让人颇感安全；村内巷道直通河边，以便村民洗衣浣纱。

这是一个崇尚宗族文化的村落，仅大姓凌氏在村里就有9

所宗祠，分别是凌氏家族的总祠、分祠、支祠，间间都各具特色，由此也可看出这个家族的子嗣繁衍、香火传承的脉络与轨迹。其中，始建于明嘉靖年间（1522—1566）的凌氏宗祠是深井村凌姓始祖祠，也是村里最大的祠堂。凌氏宗祠占地面积近600平方米，十分厚重气派。肖兰凌公祠则是三进建筑，驼峰斗栱造型优美，照壁后墙的灰塑山水画是少见的灰塑艺术精品。这些祠堂如今依然是村民开会及婚庆喜宴的场所。

这也是一个人才辈出的村落，凌氏宗祠内保存着完整记载凌氏家族历史变迁的族谱，据记载，该村凌氏自始祖至今繁衍生息30代，子孙遍及海内外，人口近万人。该村凌氏始祖来自福建莆田县，是宋末元初组织抗元收复广州的凌震的后裔，宋端宗曾下诏嘉奖，任命凌震为广东制置使、光禄大夫，加封一品。凌氏在清末民初是番禺的名乡望族，功名人物辈出，如：清光绪二十一年（1895）与康有为同榜进士凌福彭，官至直隶布政使（从二品），其父凌朝庚既是乐善好施的巨富，又是曾制成汽船、水雷的民间科技兴国潮头人物，其女凌叔华是著名作家、画家，20世纪初被誉为与林徽因、冰心齐名的"文坛三才女"。

建筑凝固了深井村昌盛繁华的历史记忆，深井靠近黄埔古港，是清末民初兴办洋务的重地，周围有修船企业，又是军营驻扎之所，因而商贾云集，村民富庶。西关大屋及雕楼式民居、竹筒式商铺、祠堂庙宇、亭台楼塔等建筑拔地而起，形成了蔚为壮观的古建筑群。"愚园"是民国初年广东省警察厅厅长凌鸿年的故居，由一个园林式庭院和一座西关大屋构成，石脚青砖、灰瓦飞檐、龙脊横空，气势恢宏。深井古民居风格多样，吸收了西洋式石柱、门楼、花纹图案等建筑特色，体现了中西文化交汇的特点。建于清代的六角直井式三层文塔巍然矗立，还有一派岭南古风的金鼎门楼、安来古井、洪圣宫、三圣宫……

不难看出，那个时代的中国农村有宗法，有教育，有财富，有秩序，既孕育出优秀的民间文化，也培育出许多精英人物。中国五千年的农耕文化创造了高度发达的农耕文明，中国的传统文化之根脉在农村。

美丽古村当维护

20世纪也曾风行过新农村的"建设"，有的村庄为打造新农村，把明清古建筑全拆了，古村旧时的模样就这样消失了。

相比于"打造"，"维护"却过于低调了。我们的一些古村古镇，要么是过度商业化，把整个村镇都变成一个大卖场；要么是无人问津，古民居濒临破败倒塌。前者由于游人如织，过分喧闹，原住民或因正常生活被严重干扰，或因出于经济利益，把住房出租为铺面，另择地而居；后者由于老房子太破旧，甚至可能是危房，也不得不另择地而居，一大片老房子人去房空。无论是红红火火的，还是冷冷清清的，这些古村古镇其实都已经丧失了它们的原生态，而徒有一副古村古镇的外壳。

乡村原本是我们每个人的生命的原乡，对于自己生命的原乡，多数人都有一种心向往之的情结。可是如今我们的乡村早已不是昔日的美好家园。陶渊明的"采菊东篱下，悠然见南山"；王羲之的"清流激湍，映带左右，引以为流觞曲水"；欧阳修的"临溪而渔，溪深而鱼肥。酿泉为酒，泉香而酒洌"……如此种种的田园牧歌只能让我们徒生艳羡。由于在政策、经济、文化、环境、生态等多方面长期失去应有的维护，我们许多的乡村被疾病、污染、贫穷、愚昧、落后所困扰。

世界上最美的乡村在英国，很难说是因为英国的乡村太美，所以英国人特别热爱乡村，还是因为英国人特别热爱乡村，所以英国的乡村才会变得那么美。在乡村小镇买一个庄园或别墅，这是英国人一生的追求和目标。有一种解释，认为英国人对乡村生活的迷恋是由于历史文化的熏陶，英国的文学作品、影视作品、幼儿卡通片等，许多都以英国的乡村生活为背景，2012年伦敦奥运会开幕式，英国人都不失时机地好好地把他们的乡村风光展示了一番，其开幕式的第一章就是《田园牧歌》。在英国，一个人能够拥有乡间生活，是其拥有财富和地位以及生活品位的标志。

曾经我们的乡村也是我们的藏龙卧虎之地，也是我们的衣锦还乡之所，也是我们的魂牵梦萦的家园，一如清末民初的深井古村。乡村之贵，贵在山水的自然、草木的自然、人们生活的自然和心灵情绪的自然，我们要打造一个合乎自然、顺应自然、造福自然的"美丽乡村"或"特色小镇"。

（作者系华南理工大学新闻与传播学院教授、客家文化研究所副所长，致力于文学写作、新闻写作、文化传播研究。）

加快建设广州模式的大都会区生态文明

罗瑾瑜

谈论广州的生态文明，首先是广州作为中国特大一线城市之一，在中国城市化进程中，与北京、上海和深圳一样早已经完成了初级城市化，并与世界其他大城市，如东京、纽约、巴黎一样，正在进行第二次城市化的发展阶段。

第二次城市化最明显的标志就是以一线城市为中心，与周围市镇形成现代大都会区。经济层面上是从工业经济向知识经济，从文明的角度看是从工业文明向知识文明、生态文明转变，更加注意城市的多样化、分散化、生态化。而广州正是南中国的国际大都会城市的中心，那么广州的城市生态文明的建设理应以此为背景。宏观上，政府顶层的设计和可行性的措施相结合，做中国城市生态文明的先行者。

提升城市生态文明

世界经济已经形成物联网的大趋势。现在，世界工业产值（增加值）比重在持续下降，知识经济成为经济发展的资源和动力，互联网和大数据的应用成为经济发展的平台和依据。创新成为经济行为，知识对经济增长的贡献率不断上升。在这大背景下，广州已经开始了产业的布局的转变和经济模式的转变。基于此，广州需要在现有的基础上走向更高层次的城市生态文明。

理想的大都会生态文明模式无非是干净的空气、大量降低垃圾的排放、工业和生活污水处理要达到环保标准、自来水可以免煮、不出现臭水沟、高标准的城市绿化带、便捷的交通和丰富的物质和文化生活，保持较低的失业率。

以此为标准，广州的差距和出路在哪里？在于城市的布局、旧城改造、城区功能提升等方面，但最根本的核心是大都会特色的城市环保功能如何完善和升级，如何提升广州城市的文化"巧实力"，最后达到二者的完美升华。

那么，广州又面临什么样的城市生态困境呢？首先是垃圾分类处理问题，也是重中之重。广州生活垃圾日产量超过2.3万吨，广州垃圾分类现实的情况与现代化大都会的水准相比还有些距离，垃圾处理方式主要一靠烧，二靠埋。

2002年中国提出对城市垃圾进行分类，时间过去了十五年，垃圾分类在绝大部分地区仍然只是口号。与十五年前相比较，可看到的进步还只是停留在有大部分中国人知道了垃圾分类这件事情，也仅仅是知道，能够身体力行的人就少之又少。对此事了解的大部分是居住在城市里的人，乡村对此事了解的民众并不多。连垃圾分类工作走在全国前面的广州，就我们所了解情况来看，也仅仅在一些街道做得比较好，比如广州市越秀区的华乐街是广州市生活垃圾分类做得最好的街道之一，但也只是做到了最初级的分类——干、湿垃圾分类。因此，向国外垃圾分类做得好的城市学习是不可缺少的途径。

垃圾分类的经验借鉴

本文以大巴黎区生活垃圾回收、利用的经验和成效为例。选择大巴黎区的主要原因是它与广州有很多相似的地方：如都是外来人口输入城市，都是国际大都会区，都是历史文化名城等。

法国从20世纪开始，由于市区人口持续增加和人均垃圾产量不断增长（特别是大巴黎区），问题已经到了必须解决的时候。法国负责生活垃圾处理的技术人员和官员发现，仅仅把垃圾填埋在垃圾场，又或者一烧了之不是解决问题的根本。因为，仅仅靠填埋，垃圾很快就把堆填区填满了，而焚烧垃圾对附近居民的健康和环境带来了负面影响，因此，必须找到解决生活垃圾最好的处理方法。于是，1992年，法国的里尔市出现了最早的生活包装垃圾的分类处理，这是法国生活垃圾分类的开始。

现在我们能在法国各地看到法国全民自觉遵守生活垃圾分类，但千万不要以为今天的成果是理所当然，轻而易举做到的。因为，在法国，垃圾分类开始实施的时候，并不顺利，困难重重。法国的民众也不是天生养成或者必然地接受垃圾分类的措施。面对这种情况，法国政府加大了对生活垃圾分类处理的预算，制定可行的政策。以生活包装垃圾的分类收集为例，通过成立生态机构，负责针对生产包装品的销售企业实施"污染者自付"的原则。同时，每个包装也需要支付一定的费用，这大大减少了包装袋的生产和使用。然后，所收取的这些费用都将用回包装垃圾的收集和回收利用。这些费用又由谁来收取呢？当然是由负责生活垃圾收集和处理工作的各个地方政府征收，这就解决了费用难收取的问题。

法国每家都有分类垃圾桶，目前垃圾分类已成为法国人的日常习惯，差不多家家户户都有不同颜色的垃圾桶，每家超市都有电池回收处。每个人的垃圾都要自己进行分类处理，垃圾回收的前提是每个公民必须自己对垃圾进行分类。因此处理垃圾必须是全民参与、举国参与的事情。法国人对垃圾进行分类是从小养成的观念，这也是公民教育的一个很重要的部分。

在法国，垃圾分类回收还是一种经济体系的组成部分。废纸、塑料、金属、堆肥垃圾（落叶、杂草、残剩食物、瓜果皮核等）都有大用。每年70%的废弃包装类垃圾都得到循环处理。它们经再处理后被制成纸板、金属、玻璃瓶和塑料等初级材料，17%被转化成了石油、热力等能源。

在垃圾回收和再循环使用的过程中，严格防范造成二次污染，法国政府做到了对从事这种行业的企业的监管和资格认证，生产场所地点的选择以及对企业生产过程的严格监控，使二次污染降低到最低的程度。对于中国来讲，虽然大巴黎地区和广州有着不同的地域和不同的居民，甚至不同的文化习惯，但是政府的监管作用是相同的，都是不可忽视的，特别在中国，很多人从事垃圾回收和生产的行业，并且以此为生，但由于政府对他们缺乏有效的监管，对于行业的准入也没有严格的规定，很多生产的厂商，只把有用的拿走，剩下的就随便到处扔，造成了第二次的污染，法国政府在这方面发挥的作用是值得借鉴的。

另外一方面，如果人们使用的是无污染或者少污染的产品的话，那么就可以从垃圾的源头减少最大的污染，比如使用可降解的塑料产品。法国在环保新材料方面的发展迅速。法国政府鼓励生产厂家在使用材料方面尽可能统一；其次，像汽车这样的大部件种类越少越好，同时，延长材料的使用寿命；第三，提倡社区共享资源，就是，邻居们相互分享资源，减少购买和生产。

他山之石，可以攻玉。通过大巴黎地区对生活垃圾回收和利用的案例，我们可以了解到，万事开头难，但不是不可为。别人可以做得好，我们也没理由落后太多。除了加大对公民的环保素养教育，广州市政府的作用是主导的，这也是不可或缺的。

未来广州的垃圾处理，应该是政府制定法规以确保居民的源头分类投放责任落到实处和建立垃圾分类的长效机制。至少要做到比较细致的四种分类：厨余、可利用、不可利用和有毒垃圾。尽快建立垃圾分类的广州模式，广州人口密集，土地资源稀缺，可供垃圾填埋的场地不多，也不适合多建垃圾焚烧工厂，"减量化"是最为迫切的需求。

第二是污水和粪便的处理。生活污水和三级化粪池的水没有经过处理就不能直排到下水道里，粪便如果不经过无害化处理就不能用来做堆肥，没处理过的粪便会造成对农地的污染。现在，我国已经有EM微生物环境改良剂和生物酶制剂等环保产品，可以对污水和粪便起到不错的处理效果，而经过处理后的粪便是非常好的有机肥，处理后的污水也可做植物浇灌。政府对这类企业如果能加大扶持力度和对治理增加相应的财政拨款，将会对治理污水和粪便有更良好的效果。

河涌的整治和开发利用

广州自古以来就是河涌较多的城市，俗称"十八涌"，实际不止。但现在大部分都被填盖，露出来的有些已变成臭涌和污水涌。对于河涌密布的广州来说，如何发挥古涌的作用，并让它与改善生态效果结合在一起，是一个值得思考的问题。

这里我想以韩国首都首尔市最大的一条臭水沟清川溪为例。位于韩国首尔的清川溪，曾经是市内的一条古老河道，因污染成为臭水河。生活在附近的居民回想起没有治理之前的清川溪，无不摇头，评价就一个字："臭"。1958年，韩国政府大规模把城中的清川溪覆盖了，并沿着清川溪修建了一条高速路桥。2003年7月起，时任市长的李明博排除众议，决定恢复清川溪，进行生态改造，历时两年多，清川溪最终由暗渠变成了首尔的城市一景。

现在看清川溪，完全构成了城市的景点主轴。全长6公里，溪水起点处是首尔的光化门广场一侧，那里是城市的中心点，然后逐级往下流，呈阶梯形态，蜿蜒旖旎地流过城市中心带。溪水两边，种植着柳树和蒲草等植物，河水清澈见底，太阳照射下，波光粼粼，如影如幻。水里的小鱼儿悠闲地游来游去，溪边的围墙变成宣传韩国传统文化的文化牌，在接近公路桥边的桥底下，不定时举行艺术展览。

对清川溪的改造，景观设计师们不是进行简单的人造景点堆砌，一味地追求奢华效果，而是完全依照自然的生态环境，因地制宜，强调与自然环境协调，使之成为自然与人类城市共存的新形象，并向可持续发展的城市模式转变。事实证明，特别在夏天，治理后的清川溪有效地降低了夏季的气温，减弱了城市的热岛效应。

广州河涌遍布整个市区，现在广州市的建筑，绝大部分都用了玻璃幕墙，使广州的夏天比实际温度还要令人感觉炎热，造成了中心城市的热岛效应。通过改造河涌，既治理了污染，还可降低气温，让市民多一个休闲纳凉的地方。景观上与涌上的建筑相辉映，增加了城市的美感。麓景路地段的河涌和东濠涌的改造，就是非常好的举措。

另外，还要继续增加城市绿地。除此之外，城市绿化不能仅仅是以种活了为指标，要仔细选好树种，更好地吸纳城市废气和有害气体。同时，也要兼顾城市美化的作用，就是不能林相单一，要多样化。

旧城改造

旧城改造、古建筑保护和郊县的古镇、古村保护性的开发，这一系列的举措将提升城市的历史和文化价值。广州市是世界上为数不多超过两千年的历史名城之一，随着经济的发展和城市的发展，旧城改造是不可避免的。旧城改造要因地制宜，开发与保护结合或者造城式的综合型开发，改造成适应办公、商业、展示、餐饮和娱乐等现代生活形态。

古建筑保护外在修旧如旧，内在通过合理的设计使它继续发挥作用。广州城市的脸孔，除了有珠江新城CBD区域的现代建筑，更应该有千年南越古都的历史底蕴，而旧城和古建筑就是它的外在延伸。北京路借旧城改造变身广府文化新天地，可以说是一个不错的案例。

广州独特的地貌，是世界上罕有的。既有山（白云山、火炉山），又有江（珠江），还靠海（南沙）。其独特的地理位置，使它自古以来自然形成了面向大海，兼收并蓄的城市性格。除了是千年历史古城，更是岭南文化的发祥地，也是海上丝绸之路的起点，近代沿海国际商贸之城。如此形成了广州市民务实包容，本分和进取的市民性格。

什么是广州文化的"巧实力"？我认为是包容、多元性和活力。

目前，有来自世界上一百多个国家和地区的外国友人生活和工作在广州这个城市，使广州的文化更具有国际化和多元性。广州被公认为宜居大都会，在于它生活的方便。随着城轨、轻轨的开通，地铁和公交线路的拓展，广州的交通将会更加便捷。不仅如此，广州市政府的多项便民措施里就有政府补贴市民的文化消费举措，如降低某些演出的票费。同时，每年还有很多文化项目的引进等。这些都足以使广州成功地吸引全世界的目光，人们更加愿意在这里生活和就业；使广州的发展进入良性循环的轨道，这也是大都会生态文明的魅力。

由此可见，任何时候城市的生态保护与产业发展都是密不可分的，生态保护促使产业升级换代，没有产业发展，生态保护就成了无源之水；没有产业发展作为支撑，生态保护也难以持久。产业生态化与生态产业化相辅相成、共同发展，在有效降低资源消耗和环境污染的同时，还能提供更具竞争力的生态产品和服务，实现环保与发展双赢的目标。

这也是广州未来发展不二的路径，也是广州模式。

乡村振兴如何平衡城乡发展
——专访华南农业大学教授罗必良

何子维

中国的改革是从农村开始，然而，广大农村地区尤其是经济社会发展比较滞后的中西部地区农村是重中之重、难中之难。正如习近平总书记所言："全面建成小康社会，最艰巨最繁重的任务在农村、特别是在贫困地区。没有农村的小康，特别是没有贫困地区的小康，就没有全面建成小康社会。"

"三农"问题是关系国计民生的根本性问题，没有农业农村的现代化，就没有国家的现代化。为破解发展不平衡不充分难题，探索中国农经新理论，《南风窗》记者专访了华南农业大学国家农业制度与发展研究院院长罗必良教授。

"只有地动了，人才会有效地动"

《南风窗》：党的十九大报告首次明确提出"实施乡村振兴战略"，作为农业经济的专家，你认为乡村振兴的标准是什么？中国乡村要怎样振兴？

罗必良：乡村振兴战略有五个指标，"产业兴旺、生态宜居、乡风文明、治理有效、生活富裕"。它们既是方向，是重点，也是标准。但是要完成全部这五个指标又很难做到面面俱到。所以今天说乡村振兴的标准是什么，我想简单一点、最关键的就是——农民满意。

但又发现一个问题。现在很多农民不在村里，尤其是有的人在外面打工了很长时间的，等再回去村里就会不满意了。他们在城里经历诱惑，受过挤压，也许刚回村里会觉得舒畅，但一段时间过后就受不了了。那么农民怎样才能满意？我觉得是安居乐业。

只有农村产业兴旺，创造了更多就业与创业空间，农民才会以职业农民的方式返回来。当他们能在村里得到一份劳动强度不大的工作，紧张感低，担忧度少，不受歧视，又有融入感，便会觉得自己就是主人。这就是我所说的标准。

然而，在这个乡村转型的标准之下有一个问题，农村用什么东西去争取？要解决这个问题必须要考虑几点。资源、人才、技术、资金，有吗？都没有。事实上，农村劳动力非农转移的过程就是优质农业劳动力不断流失的过程。有人说这些是跟着基础资源走的。不对，是跟着企业家走的。资源丰裕的地方很多，但要有人开发出来。谁开发？企业、工厂去开发。

农村还有一个资源，地。土地不仅是生产要素，更是财产性要素。我们需要盘活"三块地"，即农地、农村经营性集体建设用地和农村宅基地，发展各种形式的"共建、共营、共享经济"，由此挖掘农村土地的制度潜力，释放制度红利，无疑是最为重要，也是最为现实的逻辑起点。

盘活"三块地"，不仅让农民能够获得财产性收入，而且还能促进乡村的重建、环境的整治，这是与农民享受更好质量的生活连在一起的。与此同时，还会形成聚集效应，带动教育投资和人才汇聚。在这种情况下，这个地方就有了发展的基础。同时，宅基地置换以后可以复耕，这个过程既推进乡村的振兴，还让城镇化的建设面积扩大，促进城乡融合，农民进城就业的门槛就会更低、更便利。这是个一举多得的事情。

土地流转能够有效改善土地资源配置效率，进一步激活农业剩余劳动力的转移，为农业规模化、集约化、高效化经营提供广阔空间。只有地动了，人才会有效地动。

《南风窗》：土地制度作为农村经济制度体系和农业发展的基础制度，伴随着40多年来的改革历程，一直是农村变革最核心的问题。你认为中国农村土地制度会向何处发展？

罗必良：中国小农国情暂时无法改变，必须引导小农参与分工。换句话说，我们不应只鼓励每家每户种自己的地，而应鼓励一部分农户不种地，而是去培育秧苗，做农资供应，搞植保服务……农场越来越专业化，农场外提供的专业化服务增加，即使农场土地规模不变，生产经营的效率也会随着专业化的水平提高而提高。

在城市里，人们的生活已经更多地被外包了。那么，未来我们的农民种地的每个环节，是不是也都可以外包？比如耕地时，只需打一通电话，就叫某专业的公司来犁地、插秧，派无人机来打农药。

这意味着，规模对于农业经营方式转型是重要的元素，单家独户的小规模经营肯定不是出路。解决办法就是一定要打破农业生产格局，打破土地碎片化趋势，而这就需要实现土地适度集中，或者说通过土地流转，解决土地分散、利用效率低的问题，这对现有制度将形成一个挑战。所以我们有一个预期，未来农村家庭的独家经营可能性越来越小，将以集体的返租倒包、企业的返租倒包、农地的股份合作等多样化的方向发展。这是我所理解的未来的农地制度。

《南风窗》：那么要提升中国乡村发展的质量，什么样的人能做到？

罗必良：我觉得最需要的是企业家型的人才。在乡村的振兴过程中，在城乡协调的发展过程中，应该给农村更多的营商环境，因此，在产业的政策方面，应该鼓励更多的民营企业家参与乡村振兴这个过程。

所有的民俗村，所有的乡村旅游和乡村休闲，一定是极具眼光的人才能发现这个村发展的可能性的。与此同时，这个要求投资能力很大的多个企业共同投资，未来一定是企业集群的。设想我们周末到一个村里休闲度假，人们的需求会慢慢增多。我们不仅仅想有良好的空气，或许还会想，是不是应该有一个度假山庄、疗养院，或者是不是应该有一个电影院。

如果仅仅是依靠农民自己是不够的。我们需要更多在不同的环境发挥不同的作用的人，有的做乡村规划，有的做旅游设计，有的做服务，有的做管理，而这种人才培养，我不认为是仅仅从高考学生中来，还可以从已有的农场主里的农民工来，让农村的人都能去参加成人教育。相比之下，他们才是真正的农家，有兴趣和使命感，而农业大学培养的学生其实很多流失了。

区域不平衡恰是一种资源

《南风窗》：广东，中国经济最发达的地区之一，也是城乡发展二元结构问题最突出的地区之一。在视察广东时，习近平总书记强调，要下功夫解决广东城乡发展二元结构问题，把短板变成"潜力板"。你是怎样理解习近平总书记的这番话的？

罗必良：发展不平衡体现在很多个方面。首先是区域上，以广州为例，比起南部地区，广州北部的从化山区、增城一带的发展的确是比较滞后。区域之间的这种不平衡一直存在，全国范围内都有这样的问题。从城乡对比来看，城市的各种公共设施基础服务相对比较完备，但在农村还不够。广东还有第三个不平衡，那就是本地人和外来人之间的不平衡。无论是在就业，在医疗，在教育，在公共资源的分享上面，在社会福利的平等上面，广东确实也面临着一些问题。

关键问题是这个不平衡不充分，体现在什么地方？我有一个判断，广东的这种区域不平衡，恰好为广东未来的多功能发展提供了机会。

再以广州为例，我一直觉得从化区的发展很有希望，从化是个山区，它最大的资源是生态。如果说珠三角地区有非常好的物质和技术资本，那从化就有生态资本，它还有社会资本，或者叫文化资本，比如农耕文化。这些资本完全可以被盘活。我认为，区域的不平衡其实可以为我们重新打造区域的协调关系，重构区域之间的互补，从而形成发展的多样性。

人的需求是多样化的，我们除了考虑经济福利，还要考虑生态福利。从这个角度来看，我们可以去挖掘广州不同地方的功能。我想，当南沙区做高新技术，朝着物联网、未来智慧、总部经济这个方向发展的时候，那可能意味着广州老区要往文化方面发展，从安居的角度，从文化的功能来做拓展。而北部山区，比方说从化、增城的北部，可能更多要往生态方面发展，往生态产业、健康产业、休闲旅游这些方面来发展。

当然，发展产业方面可以利用这种区域间的不平衡，但在公共资源方面还是要努力做到均等。教育资源、医疗资源、社会保障等方面都要尽力做到各区域的均等化。

如果实现了公共资源的均等化，那意味着农民群体就不会紧张，不会焦虑了，那才叫乡风文明，其他区域的游客才愿意去到这里，享受这种氛围。这本身就是一个资源。民生民风那么好，看到人们那种满足感，那种和谐，难道不是一种资源么？人们到农村是来看生态的，既要看自然生态，也要看人文生态。在乡村看到灿烂的笑容，看到平和的表情，看到满足的神态，这些同样是种资源。

民营企业家的"定心丸"

《南风窗》：习近平总书记在民营经济座谈会上强调，民营经济是我国经济制度的内在要素，民营企业和民营企业家是我们自己人。你如何看待习近平总书记针对民营企业的讲话？

罗必良：习近平总书记说，民营企业包括民营企业家都是自己人。我觉得这是一个政治定位，我们国家基本经济制度的核心是什么？就是公有制为主导，多种经济，包括民营经济全面发展。

最近一年多，社会上对民营经济出现了一些质疑，习近平总书记给出了对民营经济重要的定位。民营经济在我们国家提升经济发展质量，推进现代经济体系构建，创新创业等方面都发挥着重要的作用。这定位就和以前不一样了，因为我们以前是叫"补充作用"。所以这是从政治上，从经济上，从社会的地位上，给了民营经济一个非常重要的定位，给了民营企业家一颗"定心丸"。

在广州，包括整个广东，民营经济的发展一直具有重要的影响力。早期珠三角能杀出一条血路，推动整个国家改革和开放，民营经济发挥了非常重要的作用。但近几年我们发现民营企业的生存能力，竞争能力有所下降，创新能力也相对不足。我们应该重新认识，重新提升民营经济，尤其在自主创新，在盘活经济活力的过程中，民营经济的地位应该重新强调。

目前的民营经济有两个非常重要的问题，一是规模小，经济质量、盈利水平和参与市场的竞争能力比较弱。二是缺乏长远的规划。对于一般的民营企业，尤其对中小企业，一个长期的发展目标是非常困难的。

我认为广州应该以一些龙头企业来带动形成产业集群，形成经济联盟或者叫联合体，让中小企业特别是让民营企业能够有效地参与分工。换句话说就是把小船捆绑到大船上。这是帮助中小企业抗风抗浪，慢慢来提升中小企业的能力。

广州要做的另外一件事是改善融资环境。营商环境包括给予更宽松的政策环境，也包括相应的一些配套措施。比方说能不能形成产业链，能不能形成产学研的合作，能不能形成各种投资主体的合作平台等。

营商环境还包括全社会对民营企业、对民营企业家的尊重和信任，我觉得这个非常重要。习近平总书记已经明确了，在媒体上应该有更多的正能量来宣传民营经济。

（来源于《南风窗》2018年12月。罗必良，现任华南农业大学学术委员会副主任，国家农业制度与发展研究院院长，教授，博士生导师。教育部"长江学者"特聘教授、广东省"珠江学者"特聘教授、国家"万人计划"哲学社会科学领军人才。先后主持各类科研课题80多项，获得各种科研成果奖励50多项。迄今出版著作40多部，发表学术论文300多篇。在生态经济、区域经济、制度经济及农村经济组织等领域做出了创新性贡献。）

后　记

　　《南风窗》生于广州，长于中国。南风窗传媒智库自2015年成立以来，一直致力于城市的研究与传播。对广州这座城市，我们更倾注了特别的关注与热情。我们对广州的生态文明建设进行了深度调查研究及持续报道。

　　我们的记者通过自己的观察记录着"美丽广州"的过往、现在和未来，广州人对于美好生活的追求和向往。我们邀请的学者们也带来了他们的观察和研究成果。

　　南风窗传媒智库将这些研究成果汇编成书，希望让城市留下记忆，让人们记住乡愁，也希望有更多的读者通过我们的笔触，了解广州，爱上广州。

南风窗传媒智库

2019年4月